Microsoft
Azure
AI
認知服務
基礎必修課

使用C#（含MCF AI-900國際認證模擬試題）

序

自從 1997 年 IBM 公司的深藍電腦擊敗世界西洋棋冠軍後，引發社會大眾對 AI 人工智慧的關注和想像。近年來手機刷臉開機、汽車自動駕駛、導覽機器人、智慧醫療、智慧音箱、掃地機器人⋯ 等應用 AI 的產品被廣泛使用，人工智慧已經融入到我們的日常之中。所以了解 AI 不但使生活更加便利，而且可以握有一把開啟未來的鑰匙。

Azure 是 Microsoft 公司建立的雲端運算平台，運用 AI 技術來協助企業建置符合業務目標的解決方案，目前已經提供超過一百種服務，而且仍在不斷擴充和優化中。使用 Azure 雲端運算服務能為企業提供快速創新的環境，而且可以根據業務需求，彈性運用平台所提供的各項資源，建置、管理和部署應用程式，創建規模經濟來降低營運成本。Microsoft 公司為了推廣人工智慧，更辦理 MCF AI-900 人工智慧基礎國際認證，通過認證是踏入 AI 技術領域的重要一步。

本書是針對大專及技術院校學習 AI 技術的教科書，以引發學習動機為最主要考量，內容淺顯易懂而且理論與實務兼具。本書主要特色如下：

1. 對於 AI 認知服務的理論做深入淺出的說明。
2. 廣泛列舉 AI 認知服務的應用實例。
3. 使用適當的插圖和圖表，說明 AI 技術的原理和實際運作方案。
4. 將認證考試重點融入教材中 (以楷書體標示)，只要認真學習就能打下良好基礎。
5. 各種 Azure AI 認知服務都附有實用的入門開發實作，以培養規劃 AI 解決方案的能力。
6. 詳盡說明 Azure AI 認知服務開發實作的操作步驟，以手把手方式介紹確保讀者能完成實作。

7. Azure AI 認知服務開發實作的程式碼有詳盡的說明，以培養設計 AI 應用程式的能力。

8. 每章均有 MCF AI-900 人工智慧基礎國際認證的模擬試題，讀者能藉由練習來了解該章內容重點，進而順利通過認證考試。

　　本書第一、二章介紹 Microsoft Azure AI 的基本概念，以及負責任 AI 的六個原則，說明人工智慧的重要理論基礎。第三～六章探索電腦視覺領域，介紹電腦視覺分析、OCR 與表單辨識器、自訂視覺和臉部服務等關於視覺方面的功能。第七～九章探索自然語言處理領域，介紹文字分析、對話式 AI、語音與翻譯等關於語言方面的功能。第十、十一二章介紹機器學習基本原理和實作，探索分類、迴歸和叢集模型的原理和實作範例。採用本書教學時，可先從第一、二章 AI 基本概念開始，之後電腦視覺、自然語言處理、機器學習等領域，可以依照興趣和需求自行調整順序。**為方便教學，本書另提供教學投影片、模擬試題解答，採用本書授課教師可向碁峰業務索取**，或來信 E-Mail 至 itPCBook@gmail.com 信箱。

　　由於本書是針對 Azure AI 認知服務初學者而編寫，希望兼顧理論和程式設計，但是限於篇幅難免有遺珠之憾，衷心期望能獲得老師及讀者的迴響。本書雖經多次精心校對，難免百密一疏，尚祈讀者先進不吝指正，以期再版時能更趨紮實。感謝周家旬與廖美昭細心排版與校稿，以及碁峰同仁的鼓勵與協助，使得本書得以順利出書。

　　在此聲明，本書中所提及相關產品名稱皆各所屬公司之註冊商標。

僑光科大多媒體與遊戲設計系助理教授 蔡文龍

張志成、何嘉益、張力元　編著

2022.08.20 於台中

目 錄

第 10 章　Azure 機器學習基本原理

第 11 章　Azure 機器學習實作

附錄 A　MCF AI-900 人工智慧基礎國際認證模擬試題

▶線上下載

本書範例檔、模擬試題解答請至碁峰網站

http://books.gotop.com.tw/download/AEL025900 下載。

其內容僅供合法持有本書的讀者使用，未經授權不得抄襲、轉載或任意散佈。

Microsoft Azure AI 基本概念：使用人工智慧的開始

1.1　人工智慧簡介

近年來 AI 已經融入在日常生活中，例如：手機刷臉開機、智慧音箱、網路搜尋、掃地機器人、汽車自動駕駛、導覽機器人、智慧醫療診斷…等，使得工作更輕鬆生活更加便利。AI 是 artificial intelligence 的縮寫，中文稱為「人工智慧」或「機器智慧」，是指由人類生產的機器所表現出的智慧。1997 年 IBM 公司的深藍電腦擊敗西洋棋世界冠軍，以及 2016 年 Google 公司的 AlphaGo 人工智慧圍棋軟體連勝韓國頂尖職業棋士三局，都對人類造成重大的衝擊。

1956 年由美國的麥卡錫等人所發起的達特茅斯會議 (Dartmouth workshop)，開啟了人工智慧的研究大門。當時可以利用程式來處理簡單的問題，例如：推演走出迷宮的最佳路徑，但是對於人類生活上的現實問題無法提出適當的解決方案。1980 年代興起的專家系統 (expert system)，是先由專家建立內容充實的知識庫，再配合知識推理技術，來推論出一般只能由領域專家才能解決的問題。專家系統在某些領域有傑出表現，例如：在醫療診斷方面，但是面對於多樣化的領域時會遇到無法突破的瓶頸。但是

人類對於人工智慧研究的腳步並沒有停歇，神經網路 (neural network)、模糊邏輯 (fuzzy logic) … 等理論不斷提出。

1960年代
人工智慧萌芽

1980年代
專家系統興起

2020年代
人工智慧再起

▲ 人工智慧發展的歷史進程

目前機器學習 (machine learning) 和深度學習 (deep learning) 成為 AI 的核心技術，同時配合監視器、偵測器 … 等物聯網硬體的進步，各種 AI 產品在日常生活運用，使得人工智慧的研發又再度掀起熱潮。

人工智慧

機器學習

深度學習

▲ 人工智慧、機器學習、深度學習關係圖

1.2 Microsoft Azure AI 簡介

Azure 是 Microsoft 公司所建立的雲端運算平台，是運用 AI 技術來協助企業建置符合業務目標的解決方案，目前已經提供一百多種服務，而且仍然不斷地擴充和優化中。Azure 服務是透過雲端平台，其服務範圍包含：計

算、儲存體、網路 (Web)、網路功能、行動、資料庫、物聯網 (IoT)、巨量資料、人工智慧 (AI)、DevOps (開發人員服務)…等服務類型。Azure 服務如下圖所示：

(▲) (圖片取自 Microsoft Azure 網站)

　　使用 Azure 雲端運算服務可以為企業提供快速創新的環境，利用平台所提供的服務應用程式介面，設計人員可以專心在創新開發，使得方案開發更加快速。企業可以根據業務需求，彈性運用 Azure 雲端平台所提供的各項資源。另外，Azure 提供超大型全域網路，企業可以自由地建置、管理和部署應用程式，創建規模經濟來降低營運成本。

　　Azure 提供百種以上的服務，可以協助企業完成各項工作，例如將現有的應用程式移到雲端虛擬機器上執行、大量的資料儲存在雲端動態儲存體、建立 iOS、Android 等行動裝置應用程式的後端服務…等。本書主要在介紹 Azure 所提供的「認知服務」和「機器學習」服務，能夠透過視覺、聽覺以及語音來和使用者進行溝通。

Azure 的「認知服務」(Cognitive Services) 是雲端式 (cloud-based) 人工智慧服務，可協助開發人員不需要 AI 或資料科學技能，就能將認知智慧建置到應用程式中。在 Azure AI 雲端運算服務中，是以機器學習技術為核心，提供視覺、語音、語言和決策的多種服務。機器學習是一種資料科學技術，可以讓電腦運用現有資料來預測未來的行為、結果和趨勢。例如線上購物網站，機器學習服務會根據使用者以往購物的紀錄，快速顯示可能購買的產品，甚至進一步推薦適當的其它產品。利用 Azure AI 機器學習，使用者不需要程式設計就能指導電腦進行學習。Azure 最常見的 AI 工作負載和機器學習服務類型包含有：視覺 API、語音 API、語言 API、決策 API 以及機器學習五個項目，這些項目將於下一小節陸續介紹。

Tips API：應用程式介面(Application Programming Interface)，提供以機器學習模型為基礎的演算法。開發人員可以將相關檔案或 URL 上傳到雲端給 API 進行處理，並傳回分析內容。

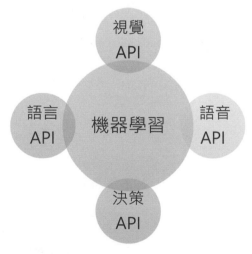

⊛ Azure 的 AI 工作負載以機器學習為中心

1.2.1 視覺 API (Vision APIs)

一. 電腦視覺 (Computer Vision)

Azure 的電腦視覺服務是使用 AI 影像處理演算法識別圖片及影片,可以加上標題、編製索引、進行修改,並傳回相關資訊。另外,可以存取進階演算法,使用感興趣的視覺功能來處理影像。例如:想要設計 AI 應用程式,在汽車風扇應修復或更換時發出警告訊息,就可以使用 Azure 的電腦視覺來分析風扇的影像。Azure 電腦視覺的主要功能如下:

1. 光學字元辨識 (OCR,Optical Character Recognition)

   電腦視覺的光學字元辨識服務會擷取影像中的文字,使用者可以從相片和文件 (發票、名片、信件…) 中擷取其中印刷和手寫的文字。光學字元辨識服務可以支援一百多種語言的列印文字,以及九種語言的手寫文字。

   例如要開發「識別手寫字母。」的方案,就可以使用 Azure 電腦視覺中光學字元辨識的功能。

⊙ 使用光學字元辨識服務可以識別出便條紙中的手寫字母
(圖片取自 Microsoft Azure 官方網站)

2. 影像分析 (Image Analysis)

電腦視覺的影像分析功能會從影像中擷取出許多視覺特徵，如：物件、臉部、特定品牌、成人內容、自動產生標記 (tag) 描述。

例如：開發「刪除含成人內容的圖片」、「偵測圖片中狗的影像並取得其座標」…等方案，就可以使用 Azure 電腦視覺中影像分析的功能。

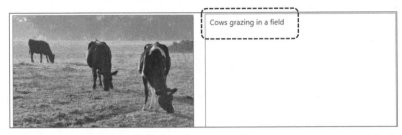

▲ 使用影像分析得知圖片為牛在田間放牧 (圖片取自 Microsoft 技術文件網站)

3. 空間分析 (Spatial Analysis)

電腦視覺的空間分析功能會從影片中偵測人員的存在和移動，並產生事件供其他程式做適當回應。其功能包括計算進入指定空間的人數，偵測人員是否戴口罩，以及人員之間的距離。

例如：開發「當空間中超過指定的人數時就產生警示」、「偵測空間中人員是否遵循社交距離」…等方案，就可以使用 Azure 電腦視覺中空間分析的功能。

▲ 使用空間分析偵測空間中的人員是否遵循社交距離
(圖片取自 Microsoft 技術文件網站)

二. 自訂視覺 (Custom Vision)

Azure 自訂視覺是一種影像辨識服務，可以自行建置、部署和改善專屬的影像識別工具模型。使用電腦視覺時，會根據偵測到的結果將標籤 (label) 套用至影像，每個標籤都代表一個分類或物件。而自訂視覺可以自行指定標籤，提交加上標籤的影像群組，經過訓練 (train，或稱定型)、測試 (test)、重新訓練 (retrain) 等步驟來訓練自訂模型。

例如：要開發「使用您自己的影像來訓練物件偵測。」、「使用自訂模型由零售商店的影像中識別出競爭對手的產品。」…等方案，就可以使用 Azure 電腦視覺的自訂視覺服務。

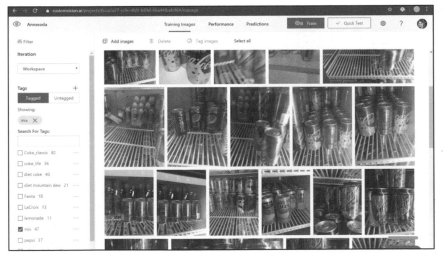

ⓐ 提供方便使用的介面來開發和部署自訂電腦視覺模型
(圖片取自 Microsoft Azure 官方網站)

三、臉部辨識 (Face)

臉部辨識 (或稱人臉) 服務提供進階的臉部識別演算法，來偵測和辨識影像中人類臉部的屬性。其臉部「偵測」功能，可以感知臉部特徵及屬性 (例如：是否有戴眼鏡、化妝…等)。臉部「驗證」功能，可以根據信賴分數來判斷兩張人臉是否為同一個人。

例如：要開發「在社交媒體中的自動標記您朋友的圖像。」方案，就可以使用 Azure 電腦視覺的臉部辨識服務。

▲ 判斷影像和證件上照片中的人臉是否為同一個人
(圖片取自 Microsoft Azure 官方網站)

1.2.2 語音 API (Speech APIs)

Azure 語音提供語音服務 (Speech Service)，能將語音和文字整合運用，可以及時將語音轉換成文字、文字轉換成語音、語音翻譯。

1. 語音轉換文字

   使用 Azure 語音的語音轉換文字功能，將音訊串流或本機檔案即時轉譯為文字，可以交給應用程式、工具或裝置取用或顯示。

   例如：要開發「製作通話或會議的記錄。」的方案，就可以使用 Azure 語音的語音轉換文字功能。連結下列網頁可以測試語音轉換文字功能

   https://azure.microsoft.com/zh-tw/services/cognitive-services/speech-to-text/#overview

2. 文字轉換語音

   使用 Azure 語音的文字轉換語音功能，會使用語音合成標記語言 (SSML)，將輸入的文字轉換成人工合成語音。Azure 是採類神經網路技術來合成語音，使用者也可以建立自訂的語音。連結下列網頁可以測試文字轉換語音功能：https://azure.microsoft.com/zh-tw/services/cognitive-services/text-to-speech/#features

例如：要開發「為錄製或直播視頻提供隱藏式字幕。」的方案，就可以使用 Azure 語音的文字轉換語音功能。

3. 語音翻譯

使用 Azure 語音的語音翻譯功能，可以將語音即時翻譯成多種語言到應用程式和裝置。連結下列網頁可以測試語音翻譯功能：

https://azure.microsoft.com/zh-tw/services/cognitive-services/speech-translation/#features

例如：要開發「在國際會議中將各國發言人的內容即時翻譯成英語。」方案，就可以使用 Azure 語音的語音翻譯功能。

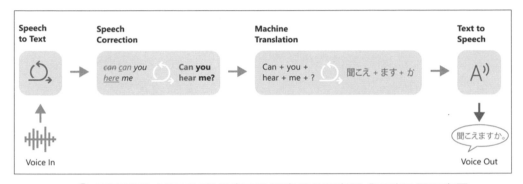

▲ 語音翻譯功能可以將發音不夠標準的英語翻譯成正確日語示意圖
(圖片取自 Microsoft Azure 官方網站)

4. 語音助理

使用 Azure 語音的語音助理功能，可以開發類似人類自然對話的使用者介面。

例如：要開發「使用語音命令打開收音機」、「語音式的客戶服務專線」方案，就可以使用 Azure 語音的語音助理功能。

5. 說話者辨識

使用 Azure 語音的說話者辨識功能，會根據演算法由個人獨特的語音特性，來驗證和識別出說話者的身分。

例如：要開發「根據語音可以辨識出人員是否在參加會議名單中？」方案，就可以使用 Azure 語音的說話者辨識功能。

1.2.3 語言 API (Language APIs)

Azure 的語言服務是一種雲端式服務,可提供自然語言處理 (Natural Language Processing,NLP) 功能,用來了解和分析文字內容。Azure 語言服務主要功能為文字分析、語言理解(LUIS) 和問答集工具(QnA Maker),可以處理自然語言、評估情感,以及辨識使用者想要的內容。

一. 文字分析

依功能又細分為情感分析、關鍵片語擷取、具名實體辨識…等。

1. 情感分析

   使用 Azure 語言的情感分析功能,可以分析出文章是屬於正面、中性或負面情感。例如:要開發「確定評論是屬於正面還是負面。」、「根據支援票證中包含的文本了解客戶的不安程度。」、「按照正負尺度評估文本。」、「分析客戶評論,並確定每個評論的正面或負面影響。」…等方案,就可以使用 Azure 語言的情感分析功能。

2. 關鍵片語擷取

   使用 Azure 語言的關鍵片語擷取功能,可以從文章中以擷取關鍵片語方式,快速識別出文章的主要概念。例如若輸入文字「The food was delicious and the staff were wonderful.」,擷取後會傳回「food」和「wonderful staff」關鍵片語,摘錄出文句的重點。

   例如:要開發「確定哪些文檔提供了有關相同主題的資訊。」、「確定文件集合中的主要討論點。」、「總結支援票證中的重要資訊。」、「確定某些文件中的主要話題為何?」…等方案,就可以使用 Azure 語音的關鍵片語擷取功能。

3. 具名實體辨識

   使用 Azure 語言的具名實體辨識 (NER,或稱實體辨識),可以識別並分類非結構化文字中的實體,例如:文章中提到的人員、地點、組織、

數量…等實體。例如：要開發「從支援票證中提取關鍵日期。」、「從文本中提取人員、地點和組織等資訊。」…等方案，就可以使用 Azure 語音的具名實體辨識功能。

二. 語言理解 (Language Understanding，LUIS)

語言理解 (Language Understanding，LUIS) 是雲端交談式 AI 服務，可以將自訂機器學習智慧套用到交談式或自然語言文字，用來預測整體意義並從中提取相關資訊。

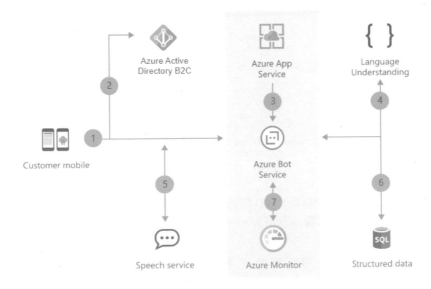

▲ 使用 Azure 建立商務聊天機器人的架構圖
(圖片取自 Microsoft Azure 官方網站)

例如：要開發「以自動聊天方式回答有關退款和兌換的問題。」、「輸入問題並互動式回答作為應用程式的一部分。」、「家用智能設備可以回答諸如『今天天氣會怎樣？』之類的問題。」、「使用知識庫以交互方式回答使用者問題的網站。」、「讓使用者能夠自行在網站上尋找答案的聊天機器人。」、「透過在公用網站中爬文來建立常見問題(FAQ)文件的服務。」、「餐廳可以使用聊天機器人授權顧客透過網站或應用進行預訂。」、「餐廳可以使用聊天機器人回答網頁上關於上班時間的詢

問。」、「使用網頁聊天介面與機器人交談。」…等方案，就可以使用 Azure 語言的語言理解 (LUIS) 交談式 AI 功能。

三. 問答集工具 (QnA Maker)

QnA Maker 是一種雲端式自然語言處理服務，可以用來建立交談式用戶端應用程式，包括社群媒體應用程式、聊天機器人…等。如下圖可先建立自訂的知識庫 (KB)，執行時會為輸入問題從資料庫尋找最適當的答案來回應。通常 LUIS 會針對查詢提供文字分類和擷取；而 QnA Maker 則會從自訂的知識庫中提供解答。

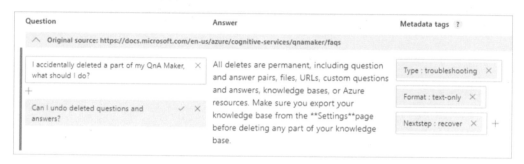

⊙ QnA Maker 會在問答組的知識庫中尋找最適當的答案
(圖片取自 Microsoft 技術文件網站)

例如：要開發「使用自然語言來查詢知識庫。」、「讓知識庫為提交相似問題的不同使用者提供相同的答案。」、「已有常見問題解答 (FAQ) PDF 檔，需要根據 FAQ 創建一個對話支持系統。」、「基於常見問題解答 (FAQ) 文件創建機器人。」、「已有產品疑難排解指南 (Word 文件) 和常見問題 FAQ 清單 (網頁)，要為網站部署聊天機器人」…等方案，就可以使用使用 Azure 語言的 QnA Maker 服務。

1.2.4 決策 API (Decision APIs)

使用 Azure 的決策 API (Decision APIs) 可以建置應用程式，來顯示有助於做出明智與高效能決策的建議。

一. 異常偵測器 (Anomaly Detector)

　　異常偵測器可以監視和偵測時間序列資料中的異常狀況。使用單變量或多變量異常偵測器應用程式來監視一段時間的資料，透過機器學習可以自動選擇出最佳的演算法和偵測技術，來確保高度的正確性。透過偵測資料的峰值、谷值、與循環模式的偏差，以及趨勢變化，協助使用者快速發現問題。異常偵測器的使用範圍可以是監視物聯網 (IoT) 裝置的流量、管理詐騙，以及回應市場不斷的變化。

　　例如：要開發「識別欺詐性的信用卡支付。」、「通過查找與通常模式的偏差來識別可疑的登錄。」…等方案，就可以使用使用 Azure 決策的異常偵測服務。

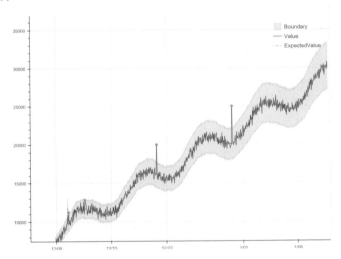

　　⬆ 利用 Azure 的即時異常偵測系統，加快解決問題的速度。
　　　(圖片取自 Microsoft Azure 官方網站)

二. 內容仲裁器 (Content Moderator)

　　Azure 的內容仲裁器是一種 AI 服務，可以由文字、影像和影片中，偵測出潛在具有冒犯異味、惡意、風險或不當的資料內容，例如：可以監視聊天室、討論區、聊天機器人、電子商務目錄 … 等的資料。

例如：要開發「為學生和授課者篩選掉不當的教育內容。」、「為社群軟體對使用者新增的影像、文字和影片進行內容仲裁。」、「為遊戲公司對使用者產生的遊戲成品和聊天室進行內容仲裁。」…等方案，就可以使用 Azure 決策的內容仲裁服務。

三、個人化工具 (Personalizer)

Azure 的個人化工具是種雲端式服務，可以對使用者顯示最佳的個別化內容項目，例如：自動推薦產品、判斷廣告最佳位置。個人化工具是採用機器學習，會不斷監視使用者的反應，並回報獎勵分數來確保機器學習模型持續進步。

例如：要開發「針對每個使用者個別差異化的購物網站」方案，就可以使用使用 Azure 決策的個人化工具服務。

1.2.5 機器學習 (Azure Machine Learning)

在日常生活中會產生大量的資料，例如：電子郵件、簡訊、社群媒體貼文、照片、影片、購物紀錄…等。另外，住家、工廠、城市、車輛…中各種的監視器、感應器，也會產生許多資料。資料科學家可以利用這些資料來訓練 (定型) 機器學習 (Machine Learning，簡稱為 ML) 模型，並利用資料中找到的關聯性來進行預測和推斷。機器學習是人工智慧的子集合，而機器學習是 Azure 大部分 AI 解決方案的基礎。例如：收集農場的溫度、濕度、日照、作物生長情況…等資料，經過機器學習可以推測出最佳的灌溉和施肥時機和份量。又例如：要開發「預測下個月玩具的銷售量」方案，就可以使用 Azure 的機器學習服務。

▲ 機器學習的程序示意圖

一、機器學習設計工具 (Azure Machine Learning designer)

機器學習設計工具是一種圖形化介面，不需要撰寫程式碼即可進行機器學習解決方案的開發。使用設計工具可以用拖放資料集和元件 (模組)的方式，來建立機器學習的工作流程，並進行機器學習模型的訓練、測試及部署。

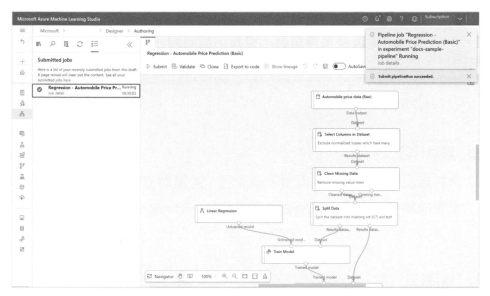

⊙ 使用機器學習設計工具進行無程式碼機器學習模型的建立
(圖片取自 Microsoft 技術文件網站)

二. 自動化機器學習 (Automated machine learning)

Azure 的自動化機器學習服務是種雲端式服務，可以開發、訓練、測試、部署、管理及追蹤機器學習服務模型。自動化機器學習是將開發機器學習模型，其中耗時且重複工作的過程自動化。這項服務讓非專家可以輸入資料後，快速建立有效的機器學習模型。更能協助專家和開發人員，快速建置、部署和管理高品質的機器學習模型。

1.3 模擬試題

 題目(一)

請問下列關於 Microsoft Azure 異常偵測的說明是否正確？
(是非題請填 O 或 X)

1. ( ) 根據歷史數據預測房價，是異常偵測的一個實例。

2. ( ) 通過查找與通常模式的偏差來識別可疑的登錄，是異常偵測的一個實例。

 題目(二)

您有以文本形式儲存的保險理賠報告，您需要從報告中提取關鍵術語來生成摘要。您應該使用哪種類型的 AI 工作負載？
① 異常偵測　② 自然語言處理　③ 電腦視覺　④ 對話式 AI

 題目(三)

請問「預測社交媒體貼文的情緒。」，是屬於下列何種 AI 工作負載的類型與方案？
① 異常偵測　② 電腦視覺　③ 機器學習(迴歸)　④ 自然語言處理

 題目(四)

請問「確定照片是否包含某人」方案，是屬於下列何種 AI 工作負載的類型？
① 異常偵測　② 交談式 AI　③ 自然語言處理　④ 電腦視覺

題目(五)

請問「確定評論是屬於正面還是負面」方案，是屬於下列何種 AI 工作負載的類型？

① 異常偵測　② 交談式 AI　③ 自然語言處理　④ 電腦視覺

 題目(六)

請問「識別手寫字母」方案，是屬於下列何種 AI 工作負載的類型？

① 異常偵測　② 交談式 AI　③自然語言處理　④ 電腦視覺

 題目(七)

請問「識別欺詐性信用卡」方案，是屬於下列何種 AI 工作負載的類型？

① 異常偵測　② 電腦視覺　③　機器學習(迴歸)　④ 自然語言處理

負責任的 AI

2.1 AI 造成的道德和社會問題

　　AI 人工智慧發展至今，其應用案例已漸漸在各行各業間被使用，我們日常生活中的相關行為，AI 技術已經無所不在。例如：影音平台會依據使用者平日的操作和選擇記錄，運用預測技術建議用戶可能喜歡的節目。甚至會從點閱習慣分析出使用者的愛好及消費習性，不斷推播相關產品和服務的廣告。銀行業也採用 AI 系統來檢測異常交易行為，來預防信用卡欺詐。金融證券商利用大量的價格和交易數據，股票交易系統會預測的市場價格而做出更好的交易決策。在農業方面利用機器人的電腦視覺技術，可以精確噴灑除草劑有助於防止除草劑的耐藥性。在動物保育使用電腦視覺技術協助研究瀕危物種。醫療設備商開發 AI 系統可以追蹤人們在安養院、家庭的活動，必要時發出警告訊息通知醫療人員和家人，讓獨居老人或遠距病患可以得到及時的照護。

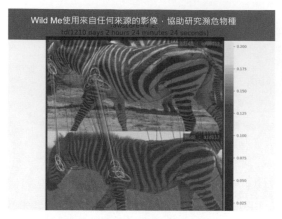

🔺 電腦視覺技術協助研究瀕危物種 (圖片取自 Microsoft 技術文件網站)

人工智慧能開發功能強大的工具，可以用來造福世界，但是 AI 應用程式的開發人員仍然可能要承擔一些風險。例如：核准貸款的模型因為其訓練資料有所偏差，而造成性別上的差別待遇。醫療診斷交談式 AI 應用程式會使用患者的資料進行訓練，如果這些資料未安全地儲存，資料被公開會嚴重侵害隱私權。萬一無辜的人因為來自臉部辨識的證據而被判定有罪，誰應該為此錯誤負起責任？視覺受損的使用者無法閱讀文字資料，解決方案並沒有提供語音訊息的輸出來協助，而損害視障者使用的公平性。

再以自駕車為例，目前的自動駕駛技術是經由大量的數據，讓 AI 學習辨識感應器所回傳的各種資訊，例如：雷達感測器回傳前方有障礙物，再由鏡頭拍攝的影像辨識出障礙為何物，然後 AI 會控制車輛採取必要的行動。但是在台灣就發生 AI 無法辨識出防撞緩衝車 (造型特殊的工程車輛)，而造成連環車禍。自駕車發生事故的責任，究竟是該由自駕車本身、車主、駕駛、研發公司還是核准的官員來負責？

當我們不斷利用 AI 來處理人類生活事物時，要如何解決延伸出來的道德問題？當日常生活日益依賴 AI 時，要如何確保 AI 推測的結果是值得信任？我們該如何在 AI 的開發效率，以及使用者公平性之間取得適當的平衡？最後，不要只聚焦在 AI 可以做什麼？該是 AI 應該為人類做什麼？

2.2　了解負責任的 AI

　　AI 技術除了本身所造成的事故外,也引發了複雜的道德和社會問題。AI 演算法是透過大量的數據來運作的,隨著收集的數據資料越來越多,人民的隱私也逐漸受到侵害,企業可能利用這些資料做不當的行銷,甚至政府藉此來壓迫人民。雖然 AI 最初的目標是要造福人類社會,但是為了完成工作,可能跨越道德或法律的界限,就會對社會產生負面的影響。另外 AI 技術取代許多的工作職務,因而造成部分民眾失業的問題。

　　所以想利用 AI 來協助使用者時,也要同時避免民眾遭受不公平、侵犯隱私、甚至生命受到傷害。雖然人工智慧可能會有所缺失,但是只要抱持負責任的態度,將可以有效減少甚至避免負面的問題。人工智慧技術必須以信任為中心,將保護隱私權、透明化與資安等能力融入其中。設計人工智慧裝置時,必須具備能偵測出新威脅的能力,並能進化發展出適當的防護措施。在開發 AI 應用程式時可以遵守下列六個原則,來確保 AI 應用程式能夠順利解決問題,並且不會產生非預期的負面後果。

一. 公平性

　　AI 所產生的問題中最受廣泛討論,就是預測性分析系統中的偏見問題。曾經有 AI 演算法利用歷史數據推薦職位人選時,因為舊資料就存在性別偏見,所以演算結果也傾向選擇男性而造成性別的偏見。AI 的價值觀與道德觀不該只由科技業全權決定,也不該由富裕國家中強勢的一小群人來主導。地球上每種文化和社會階層,都應該有機會參與 AI 的設計,來防範因為文化和社會的偏見,有意或無心造成系統出現歧視。所以需要更廣、更深、更多元的族群投入 AI 設計,來確保 AI 系統具備公平性。

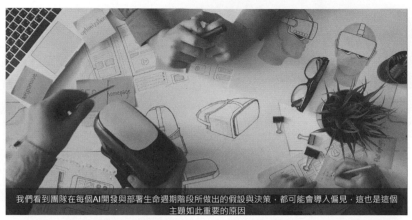

我們看到團隊在每個AI開發與部署生命週期階段所做出的假設與決策，都可能會導入偏見，這也是這個主題如此重要的原因

▲ 多元團隊共同參與開發 AI 系統 (畫面取自微軟 Azure 官網)

公平性是人類都要了解並遵守的核心道德準則，開發 AI 系統時此準則更為重要。AI 應用程式應該公平對待所有人，不得因為性別、年齡、種族、宗教或其他因素而影響預測結果。「訓練 AI 系統的資料集的偏差，不應該反映於 AI 系統的結果就是遵守公平性原則」。例如：建立機器學習模型來支援銀行申請貸款的核准時，不得有任何性別、種族、宗教或其他因素的偏見，導致特定族群的客戶獲得不公平的優勢或劣勢。

二. 可靠性和安全性

一個運作穩定可靠且安全的 AI 系統，才能受到使用者信任。例如：用來診斷病患症狀並建議處方的 AI 機器學習模型，此系統如果不可靠可能會對人類生命造成極大風險。對於一個 AI 系統而言，能夠依照原始設計正確執行固然重要，但是因應新的狀況甚至惡意的操作時，也能夠確保安全更為重要。所以開發 AI 應用程式時，必須嚴格遵守測試和部署的管理程序，確保能如預期運作才能發行。發行後仍然必須持續監視和追蹤模型，必要時須重新訓練建立新模型，來確保系統的可靠性和安全性。

AI 應用程式應該在安全可靠的情況下執行。開發可能會對人類生命造成風險的 AI 系統時，必須嚴格遵守可靠性和安全性原則，審慎處理測試和

部署管理程序，以確保能如預期安全運作才能正式發行。例如：「為自動駕駛汽車開發 AI 系統時，要確保系統在其使用壽命內能持續運行。」、「機器學習模型用於診斷病患症狀並建議處方。」等，都要遵守可靠性和安全性原則。

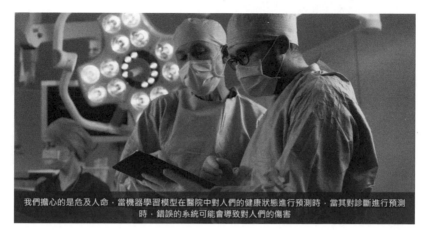

我們擔心的是危及人命，當機器學習模型在醫院中對人們的健康狀態進行預測時，當其對診斷進行預測時，錯誤的系統可能會導致對人們的傷害

▲ 運用於醫療的 AI 系統可靠性至關重要 (畫面取自微軟 Azure 官網)

三. 隱私權和安全性

　　儘管政府制定很多法規來保護消費者隱私，但潛在的威脅還是存在。許多 AI 設備都會收集個人的數據，以便提供更好、更個別化的服務。如果沒有用戶同意或數據運用不透明，那麼這種功能就會給用戶帶來不好的體驗。又例如手機的追蹤功能相當實用，但如果被運用來跟蹤個人的行蹤就會造成人身的危險。AI 系統必須能維護個人隱私，具備完備的保護機制保障個人和群體的資訊不被竊取。AI 系統的資料持有者有義務保護資料，存取資料時應以不侵犯隱私權為原則，因為隱私權和安全性是重要的準則。

　　AI 應用程式應該安全並且尊重隱私權。開發 AI 應用程式時，訓練機器學習模型必須有大量資料，其中可能包含必須確保隱私的個人資料。AI 應用程式執行時，也會對新的資料進行記錄、預測或採取動作，這都需要考量隱私權或安全性。例如：「為消費者提供有關其數據的收集、使用和

儲存的資訊和控制。」、「只有已核准的特定使用者可以看見個人資料。」等，都是遵守隱私和安全性原則。

當我們思考這些AI系統的安全性層面時，必須思考資料的出處與取得方式；這是使用者提交的資料還是用於預測的公開資料來源；該如何預防資料遭到損毀；具備異常偵測或偵測資料中變更的其他系統，以

Ⓐ AI 系統應該尊重隱私並保護資料 (畫面取自微軟 Azure 官網)

四. 包容性

　　AI 裝置應該造福社會中的每個人，不可因身體能力、性別、宗教、種族或其他因素而產生歧視或使用阻礙。所以 AI 設計應考慮所有人類的各種情況，而包容性原則就可以協助開發人員排除某些族群的潛在阻礙。開發 AI 系統時不只遵守技術規範外，還要兼顧倫理與同理心的需求。AI 系統可使用語音轉文字、文字轉語音和視覺辨識技術，來輔助有聽覺、視覺和其他障礙的使用者。使用 Seeing AI 技術透過手機就可聽到周圍環境的資訊，例如：可辨識身旁的人臉，和其年齡、表情…等，幫助認識所處的環境。

　　AI 應用程式應該賦予所有人相同權力，並且讓人們能共同參與。AI 應用程式應該造福社會的每一族群，無論其身體能力、性別、種族或其他因素。「給予所有人許可權的 AI 系統，包括有聽覺、視覺和其他障礙的人。」、「預測性應用程式會為視覺受損的使用者提供音訊輸出。」等，都是遵守包容性原則。所以我們打造的技術必須能包容並尊重每一個人，

跨越文化、種族、國籍、經濟狀況、年齡、性別、體能、心智能力等的藩
籬，服務全體人類。

🔺 Seeing AI 配合專用裝置可為視障人士提供環境資訊 (畫面取自微軟 Azure 官網)

五. 透明度

　　AI 科技經過學習會了解人類，人類也必須知道 AI 如何觀察與分析世
界。例如：向銀行申請貸款，AI 系統評斷是否核准時，要能提出透明且可
解釋的證明資訊。AI 金融服務工具提供使用者投資建議時，同樣要能解釋
是基於那些數據所做的推估。AI 系統的公開透明非常必要，如此才能和使
用者建立信任的關係，民眾才能誠心接納 AI 進入他們的生活。

　　AI 應用程式應該是公開透明，預測的結果是可以被了解和解釋。無論
是專家或使用者，都要能夠明確了解 AI 系統的用途和運作方式，以及預測
的限制。例如：「處理提供給 AI 系統的異常值或缺失值」、「自動決策程
序必須加以記錄，以便已核准使用者可以了解決策制定原因。」…等，都
是遵守透明度原則。

>> [音樂] 透明度與可理解性可以協助我們達成各式各樣的目標

⊙ AI 系統應該具備透明度和可解釋性 (畫面取自微軟 Azure 官網)

六. 權責性

　　以 AI 為基礎的解決方案，設計和開發人員應該在有明確準則的組織架構中工作，以確保方案符合道德和法律標準。設計和部署 AI 系統的人員，必須為 AI 的動作和預測負責，尤其是當不斷發展更多系統時，更需注重權責是負責任 AI 的基本要素。AI 系統開發單位應該建立內部審查單位，針對 AI 系統提供監督、深入解析和指引。例如：「實施過程以確保 AI 系統所做的決定可以被人類推翻。」就是遵守權責性原則。

此外，我們的責任包括協助客戶與合作夥伴也承擔責任

⊙ 設計和開發人員應該為 AI 系統預測結果負責 (畫面取自微軟 Azure 官網)

　　Microsoft 歸納出上述六個開發及使用 AI 的準則：公平性、可靠性和安全性、隱私權與安全性、包容性、透明度，以及權責。並且開發 Azure Machine Learning 雲端平台，提供支援符合上述準則的工具，使得開發人員和科學家能夠順利實作出負責任的 AI 方案。Azure Machine Learning 設計 AI 演算法時，會特別注意弱勢組群、種族、性別…等的分組，藉此避免資料的偏差。更提供負責任 AI 儀表板的功能，可以讓開發人員以視覺化評估模型是否符合負責任 AI 的準則。另外也提供負責任 AI 計分卡 (scorecard)，可以自訂報告與所有方案關係人共用，來了解資料、模型健康情況、合規性…等資訊，來評估模型是否可以正式部署。

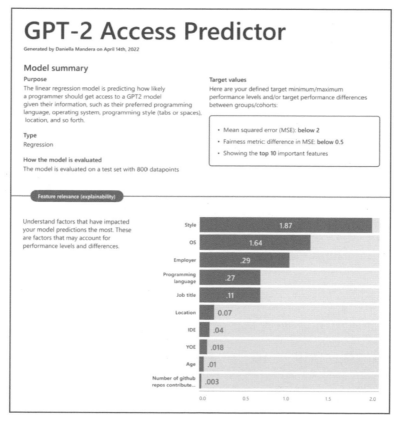

⊙ 計分卡是負責任 AI 儀表板中對模型評估的摘要 (畫面取自微軟 Azure 官網)

2.3 申請 Azure 帳戶

瞭解 Microsoft Azure 雲端平台後,可以申請免費的 Azure 帳戶,來建置、測試和部署 AI 應用程式、建立自訂的 Web 和行動體驗,並透過機器學習和功能強大的分析取得資料的新見解。

2.3.1 Azure 帳戶方案

Azure 提供可配合不同客戶類型的各種訂用帳戶類型。最常用的訂用帳戶是:免費方案 (需要有手機與信用卡才能註冊)、預付型方案、Enterprise 合約、學生 (需要具備學生或教師的資格),另外有適用於企業的其它方案。

一. 免費

1. 12 個月內免費使用部分熱門服務,另有超過 40 個永久的免費服務。

2. 申請後會獲得美金 200 元的 Azure 點數,可以在 30 天內使用付費的服務。萬一贈送的點數使用完畢,只要為超出的使用量付費即可。

3. 申請時需要有手機和信用卡,才能完成註冊手續。

4. 申請網址:https://azure.microsoft.com/zh tw/free/。

二. 隨用隨付

1. 每月可以取得超過 40 個免費的服務。

2. 無須預繳任何費用,只要支付超過免費數量的使用量即可,而且隨時都可以取消。

3. 申請時需要有手機和信用卡,才能完成註冊手續。

4. 申請網址:https://azure.microsoft.com/zh-tw/pricing/purchase-options/pay-as-you-go/。

三. 學生

1. 提供超過 25 個免費服務的存取權，包括計算、網路、儲存體和資料庫。

2. 贈送美金 100 元的 Azure 點數，可以在 12 個月內使用付費的服務。

3. 申請時要有微軟帳戶或 Office 365 帳戶、學校電子信箱 (帶有 edu.tw 格式) 和手機。

2.3.2 申請 Azure 帳戶

下面以申請學生帳戶為例，來說明申請微軟 Azure AI 服務帳戶的操作步驟：

一. 申請微軟帳戶

1. 如果已經有微軟帳戶，請直接跳到步驟二提交學生帳戶申請即可。

2. 開啟 https://account.microsoft.com 網址，然後選取『建立帳戶』連結來建立微軟帳戶。

▲ 申請微軟帳戶的網頁畫面

3. 輸入您的電子郵件作為帳戶名稱後，接著要建立密碼，以及驗證電子郵件等步驟，請依照指示完成帳戶申請。

▲ 建立帳戶和密碼的畫面

二. 提交學生帳戶申請

1. 連結到 https://azure.microsoft.com/zh-tw/free/students/ 網址，進入 Azure 學生版網頁，並點選『開始免費使用』鈕。

2. 依照步驟輸入微軟帳戶和密碼進行登入。

▲ 登入 Azure 學生版免費申請的網頁

3. 會詢問是否隨時保持登入，若有需要就按『是』鈕；否則就按『否』鈕。

4. 接著會使用手機進行身分識別驗證，輸入國碼和手機號碼後，按『傳送簡訊給我』鈕。先查看手機傳來簡訊的驗證碼，輸入驗證碼後按『驗證代碼』鈕即可。

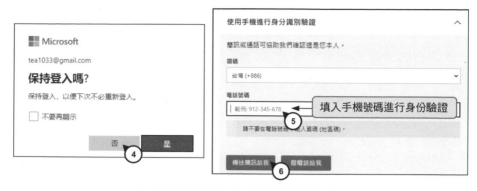

⊙ 使用手機進行身分識別驗證的畫面

三. 驗證學生身份

1. 先選擇「學校電子郵件地址」驗證方式,輸入學校電子郵件地址後, 按『驗證學術狀態』鈕。

2. 接著開啟學校信箱收取驗證信,來證明您的學生身份。請點擊信中的 連結,如果無法點擊,請複製連結至瀏覽器並執行即可。

⊙ 驗證學生身份的畫面

四. 填寫基本資訊

1. 連結到驗證信的網頁，會進入 Azure 學生版的設定檔畫面。需要通過學生身分驗證，輸入學校電子郵件地址後，按『驗證學術狀態』鈕。

2. 在「您的設定檔」中填寫基本資料後，按下『註冊』鈕就完成學生版 Azure 帳戶申請。

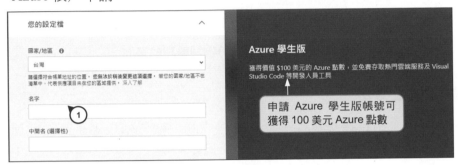

⚫ 在「您的設定檔」中填寫基本資料的畫面

五. 開始使用

1. 接著會開啟學生版的歡迎頁面，就可以開始進入 Azure 的神奇世界！

⚫ 學生版的歡迎頁面

 Tips 其他 Azure 帳戶方案的申請步驟和學生方案大致相同，差異在其他方案不用學術驗證，但需要輸入信用卡的相關資料。

2.4　模擬試題

 題目(一)

請問下列關於 Microsoft 負責任的 AI 說明是否正確？(請填 O 或 X)

1. ( ) 提供銀行貸款申請結果的解釋，是適用於透明原則的一個實例。

2. ( ) 根據受傷情況確定保險理賠優先順序的分類鑑別機器人，是適用於可靠性和安全性原則的一個實例。

3. ( ) 針對不同銷售區域提供不同價格的 AI 解決方案，是適用於包容性原則的一個實例。

 題目(二)

下列何者不適用於 Microsoft 負責任的 AI 的指導原則？
① 包容性　② 果斷性　③ 可靠性和安全性　④ 公平性

 題目(三)

您正在建構 AI 系統。您應該包括哪些任務來確保服務符合 Microsoft 負責任 AI 的透明度原則？

① 啟用自動縮放以確保服務根據需求進行擴展。
② 確保所有視覺物件都關聯有可由螢幕閱讀器讀取的文本。
③ 確保訓練數據集能夠代表總體。
④ 提供文檔以說明開發人員調試代碼。

 題目(四)

請問「系統不得基於性別、種族或年齡產生歧視。」的描述，符合下列 Microsoft 負責任 AI 的哪個指導原則？
①透明度　② 可靠性和安全性　③ 公平性　④ 隱私和安全性

題目(五)

請問「確保 AI 系統按照最初的設計運行、對意外情況作出回應,並抵制有害操作。」的描述,符合下列 Microsoft 負責任 AI 的哪個指導原則?①權責性　②可靠性和安全性　③公平性　④隱私和安全性

題目(六)

您的公司正在探索如何在智慧家居設備中運用語音辨識技術。公司希望識別出可能無意中遺漏特定使用者族群的所有障礙。該示例針對哪一個 Microsoft 負責任的 AI 的指導原則?
①權責性　②公平性　③隱私和安全性　④包容性

題目(七)

根據何種 Microsoft 負責任 AI 的指導原則,AI 系統不應反映用於為訓練系統的資料集偏差?　①權責性　②包容性　③公平性　④透明度

題目(八)

為自動駕駛汽車開發 AI 系統時,確保系統在其使用壽命內持續運行,是適用於 Microsoft 負責任 AI 的何種原則?
①公平性　②可靠性和安全性　③權責性　④包容性

題目(九)

請問「為消費者提供有關其數據的收集、使用和儲存的資訊和控制。」的描述,符合下列 Microsoft 負責任 AI 的哪個指導原則?
①包容性　②權責性　③公平性　④隱私和安全性

題目(十)

請問「自動決策程序必須加以記錄,以便對已核准使用者可以說明決策制定的原因。」的描述,符合下列 Microsoft 負責任 AI 的哪個指導原則?　①透明度　②可靠性和安全性　③公平性　④隱私和安全性

探索電腦視覺(一) 電腦視覺分析

3.1 電腦視覺簡介

電腦視覺 (Computer Vision) 是電腦領域的一個範疇，電腦視覺運用人工智慧 (AI) 來「觀看」並解讀視覺資料，它著重於讓電腦能夠識別影像和影片中的物件和人物，嘗試進行模仿人類工作的能力，進而使工作自動化取代人力。電腦視覺會模擬人類對所見內容進行解讀，以及模仿人類視覺的運作方式。立足現在及放眼未來，電腦視覺技術的應用範圍會更廣泛，將成為事物創新和解決方案的核心元件。

電腦視覺是一項強大的功能，可結合許多類型的應用程式和感應裝置，以支援各種實際使用案例。下列是幾種不同類型電腦視覺的用途：

1. 內容組織

   識別相片中的人或物件，根據該識別結果將其分門別類。像這樣的相片辨識功能，常用於相片儲存和社交媒體應用程式。

2. 文字擷取

分析包含文字的影像和 PDF 文件，擷取其中的文字資料。如：機器人可使用光學字元識別自動化處理案例，搜尋資訊中含文字的內容，並啟用文件處理功能。

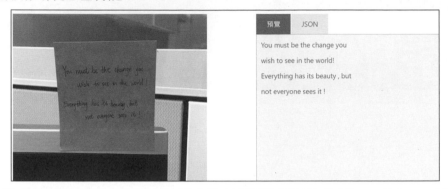

 分析影像中手寫文字並擷取其中的文字資料 (圖片取自 Microsoft Azure 網站)

3. 擴增實境

系統會使用電腦視覺即時偵測和追蹤實體物件，並使用這項資訊將虛擬物件實際放在實體環境中。如：透過攝影機影像的位置及角度精算，並加上圖像分析技術，讓螢幕上的虛擬世界能夠與現實世界場景進行結合與互動。

4. 農業

機器學習結合物聯網技術，讓農業設備變聰明了，可以分析由衛星、無人機或飛機取得的農作物影像，以監視農地、偵測雜草生長情況。能像人類一樣看出哪些農作物需要施肥除草，個別做出調整，是否需要全面噴灑農藥。例如：澳洲 The Yield 農業技術公司，使用感應器收集天氣、土壤和植物狀況的資料，並使用機器學習來預測農民應何時進行種植、灌溉或收割的決策。有興趣了解 The Yield 是如何使用機器學習，可瀏覽下列網址中的影片 https://docs.microsoft.com/zh-tw/learn/modules/get-started-ai-fundamentals/2-understand-machine-learn

ⓐ 感應器收集資料並使用機器學習預測應農民何時進行種植、灌溉與收割的決策
(圖片取自 Microsoft 文件技術網站)

5.　智慧城市
　　隨著物聯網已逐漸滲透到生活中的各個領域，推升「智慧城市」的興起，可協助收集街道上的影片，讓城市領導者們做出更明智的營運決策。如：交通監控、5G 的發展應用、空氣品質監測、智慧攝影機、行動警示裝置…等。

6.　自動型交通工具
　　自動駕駛汽車會使用即時物件識別和追蹤功能，收集汽車周邊的情況。可以不需要人類操作即能感測其環境及導航，完全的自動駕駛車輛。

7.　醫療
　　電腦視覺技術會分析其他醫療裝置擷取的相片或影像，簡化工作流程，顛覆醫學成像，協助醫生識別問題，使診斷更快速準確，改善病患照護品質。

8.　空間分析
　　系統會識別空間中的人或物件 (例如汽車)，並追蹤其在該空間內的移動狀況，並在該空間內對應其動作。

9. 製造業

電腦視覺使工業設備有能力觀察、分析智慧製造，品質控制與勞工安全方面的任務。可監視作業中機具以便進行維護，也可以用於監視生產線的產品品質與包裝情況。

10. 零售商店的購物者分析

電腦視覺可協助零售商店瞭解產品應該放在哪個位置、判斷庫存是否足夠需不需要補貨，並能更進一步建立客戶購物傾向的統計資料。

11. 臉部辨識

可以應用電腦視覺識別人物。人臉辨識可實際應用在：

① 門禁管理，例如：人員進出管理，智能門鎖，醫療智慧藥櫃。

② 監控安全系統，例如：於倉庫區域偵測是否有未授權人士出現。

③ 身分驗證，例如：VIP、登記的訪客、阻擋名單人員。

④ 智慧零售，例如：蒐集來店顧客的性別、年齡和情緒等統計數據。

⑤ 健康控管，例如：檢測口罩是否正確佩戴。

⊙ 視覺 API 的臉部辨識與空間分析可偵測某個人是否戴著口罩
(圖片取自 Microsoft 技術文件網站)

3.2 電腦視覺服務

　　Azure 電腦視覺 API 服務提供進階的電腦視覺演算法，而這些演算法都是以機器學習模型為基礎，開發人員可以將影像檔案上傳或影像的 URL，傳送給電腦視覺 API 進行處理影像，電腦視覺 API 即可傳回影像的視覺分析內容。

① API：應用程式介面。

② 機器學習模型：一種已定型的服務，可辨識特定類型的模式(監督式學習、非監督式學習)。可以使用一組資料訓練模型，提供演算法，依演算法的規則以便模型用於推理這些資料，從中學習。

3.2.1 電腦視覺影像分析功能

　　Azure 電腦視覺可分析相機、影片或影像檔案，或是分析影像 URL 的視覺的內容，如下為電腦視覺常見的功能：

一. 影像分類

　　「影像分類」是根據影像內容來分類影像，例如：在交通監視使用影像分類，根據車輛類型進行分類影像，將車輛類型分為計程車、公車、自行車、機車 … 等。

⊙ 交通工具影像分類識別出影像中的車輛為計程車
(圖片取自 Microsoft 技術文件網站)

二. 物件偵測

物件偵測可以預測影像中的物件位置與分類。物件偵測可取得物件的類型，還會偵測物件的頂端、左邊、寬度和高度的矩形框座標。例如：交通監視使用物件偵測，可以識別出影像中公車、計程車、單車騎士…等不同類別車輛的位置。

▲ 使用物件偵測取得公車、計程車、單車騎士在影像中的位置
(圖片取自 Microsoft 技術文件網站)

三. 語意分割

語意分割屬於影像分割的一種，是進階的機器學習，做法是給一張影像，將影像中的所有「像素」點進行分類，把影像中的物件切割出來。例如：交通監視使用「遮罩」將交通中的影像進行切割，以不一樣的色彩區分不同的車輛。

▲ 使用語意分割將影像中的車輛加上遮罩 (圖片取自 Microsoft 技術文件網站)

四. 影像描述 (說明影像)

電腦視覺能夠分析影像、評估偵測到的物件，產生人類看得懂的片語或句子，來描述從影像中偵測到的內容。這些內容可以包含影像中「描述性標題」，或是描述性標題的「信賴分數」。

在街道上遛狗的行人

⊙ 電腦視覺分析影像描述出在街道上遛狗的行人(圖片取自 Microsoft 技術文件網站)

 標籤：描述物件的標題文字，或稱為標記。

五. 標記視覺特徵

電腦視覺會根據可辨識的物件來產生影像描述，並傳回多個標籤，信度 (信賴分數) 最高的標籤會最先列出。而這些標籤除了包含影像主體，也會包含影像中的環境，如室內、室外、動物、工具或家具 … 等。這些標籤可與影像建立關聯，作為摘要影像屬性的中繼資料；可用來搜尋具有特定屬性或內容的影像。

標籤與信度：
person 0.997665882110596
outdoor　　0.982754588127136
sky　0.975649118423462
human face　0.961560249328613
clothing　0.94668972492218
water 0.916335105895996
cloud 0.899641215801239
man　0.875381350517273
hiking 0.86113840341568
beach 0.858259499073029
ground 0.61387711763382
ocean 0.472636759281158

⊙ 電腦視覺依信度高低順序傳出多個標籤。

六. 偵測品牌

偵測品牌功能提供識別商業品牌的能力。此服務已有一個資料庫，其中包含來自全球數千個可辨識產品標誌的商業品牌。例如：電腦視覺服務偵測有 Microsoft 品牌標誌的筆記型電腦。

▲ 偵測筆記型電腦有 Microsoft 品牌標誌
(圖片取自 Microsoft 技術文件網站)

七. 光學字元辨識

電腦視覺服務可使用光學字元辨識 (OCR) 功能，來偵測影像中的列印和手寫文字 (如：道路標誌或店面招牌)。將於第四章進行更詳細的介紹。

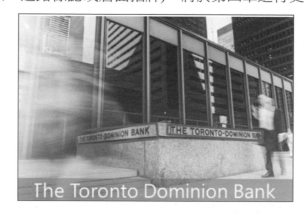

▲ OCR 偵測影像中的文字 (圖片取自 Microsoft 技術文件網站)

八. 臉部偵測

臉部偵測可找出影像中的人臉，是一種特殊形式的物件偵測。能夠判斷年齡、性別以及代表臉部位置的矩形方塊，還能進行臉部識別 (判斷影像中的兩個臉部是否有同一人)以及臉部表情偵測。將於第六章進行更詳細的介紹。

（▲）顯示偵測到其臉部並預估大約年齡及性別的人物影像

九. 偵測特定領域內容

影像分類時，電腦視覺服務支援兩個特製化領域模型：

❖ **名人**：此服務包含已定型的模型，用來識別來自政治、運動、娛樂和商業界數以千計的知名人物。

❖ **地標**：此服務可識別知名地標，例如：自由女神、艾菲爾鐵塔、台北101大樓。

（▲）電腦視覺服務可識別名人 Jolin 和 Tom Cruise，並分別具有 95.79% 和 99.99% 的信度。

⏺ 電腦視覺服務可識別地標 Taipei 101，並具有 98.59% 的信度。

十. 其他進階功能

電腦視覺服務另提供如下進階分析功能：

❖ **偵測影像類型：**

影像的內容類型分為「美工圖案」與「線條繪圖」：

① 當電腦視覺偵測美工圖案影像時，使用 0～3 的傳回值來識別美工圖案的等級。

0：表示非美工圖案影像；

1：表示不確定影像是否為美工圖案；

2：表示影像是普通的美工圖案；

3：表示影像是高級的美工圖案。

② 當電腦視覺偵測線條繪圖影像時，使用布林值的傳回值來識別是否為線條繪圖。

❖ **偵測影像色彩配置：**

影像中的色彩有三個屬性，分別為主要前景色彩、主要背景色彩、整體主要色彩集合。電腦視覺偵測影像色彩的傳回值有 Black、Blue、Brown、Grey、Green、Orange、Pink、Purple、Red、Aquamarine (藍綠色)、White、Yellow。

❖ 產生縮圖：

所謂縮圖就是壓縮圖片，將容量太大的圖片建立成小型的影像版本。容量大的影像圖片需要壓縮的原因不外乎有四：在網頁上不能快速顯示，傳輸時會消耗數據，會占據裝置的儲存空間，利於版面配置。電腦視覺使用智慧裁剪的技術，先排除影像中雜亂的元素，突顯影像中主要物件的關注區域，再針對關注區域來裁剪影像，裁剪時搭配影像外觀比例調整到符合的縮圖尺寸，建立直覺式的影像縮圖。

❖ 內容仲裁：

電腦視覺使用 Content Moderator 服務，可以掃描文字、影像、影片內容，偵測出是否含有冒犯意味、有風險或不當的資料。如：具冒犯性或不恰當的文字、管制影片中的血腥暴力場景或限制級影像、種族歧視內容。

在 Azure 上執行的內容仲裁提供不同類型的 API，其功能如下：

① 文字仲裁：掃描文字中具冒犯性、性暗示、粗話…等資料。

② 影像仲裁：掃描影像是否包含成人或猥褻內容的影像和文字。

③ 影片仲裁：掃描影片檔案中的成人或猥褻內容，並傳回時間標記。

④ 自訂字詞或影像仲裁清單：篩選封鎖或允許的內容。

3.2.2 電腦視覺服務線上體驗

📥 範例：電腦視覺線上體驗

連結 Azure 電腦視覺網站進行線上體驗，網址如下：

https://azure.microsoft.com/zh-tw/services/cognitive-services/computer-vision/

Step 01 點選左下四圖可進行影像分析，其分析功能包含描述影像、偵測物件、影像分類，其分析內容以 JSON 資料呈現。

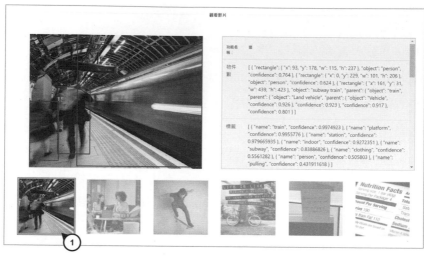

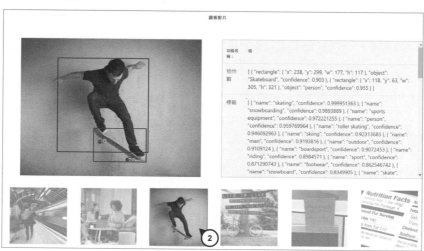

3.3 開發環境與必要條件

　　Azure「認知服務」是使用 REST API 和用戶端程式庫 SDK 的雲端式服務，可協助開發人員在應用程式中建立認知智慧。微軟 Azure 認知服務 (Cognitive Services) 提供電腦視覺、Face API、自訂視覺、文字分析、語言理解、語音等 AI 服務。開發人員無需具備 AI 人工智慧專業的技術，只要能將要分析的資料 (含圖檔、文字)，傳送到 Azure 認知服務的演算法模型

進行運算處理,即可傳回用戶端所需要的資訊,如此可協助開發人員進行建立具 AI 智慧功能的應用程式。

① REST:是一種軟體架構風格,目的是幫助在世界各地不同軟體,其程式在網際網路中能夠互相傳遞信息。

② REST API:是一種 Web API 的設計規範。

③ SDK:軟體開發工具套件。

若要使用電腦視覺服務,須先在 Azure 訂用帳戶並建立資源。可使用的資源有兩種,如下:

❖ **電腦視覺**:如果不打算使用任何其他認知服務,請使用此資源類型。

❖ **認知服務**:認知服務資源包含電腦視覺及許多其他認知服務,例如:文字分析、翻譯工具文字及自然語言處理等服務。如果打算使用多項認知服務,並且想要簡化系統管理和開發作業,請使用此資源類型。

無論選擇建立「電腦視覺」或「認知服務」類型的資源服務,您都會獲得使用資源所需要的「金鑰 (Key)」和「端點 (Url)」兩項資訊。這組金鑰和端點在用戶端的設計應用程式時必定會被使用到。

① 金鑰 (Key):驗證用戶端應用程式的管理帳戶。

② 端點 (Url):提供存取資源的 HTTP 位址。

設計 API 應用程式的開發語言,可以使用 Java、Python、C#... 等,本書建議使用 C# 配合 Visual Studio 軟體開發環境。在軟體開發環境的專案中安裝影像分析用戶端程式庫 SDK 即可。

進行電腦視覺分析的影像必須符合下列需求:

❖ 必須是 JPEG、PNG、GIF 或 BMP 格式的影像

❖ 檔案大小必須小於 4 MB

❖ 像素必須大於 50 × 50 像素

3.4 電腦視覺影像描述開發實作

3.4.1 影像描述開發步驟

如下是使用 Computer Vision 電腦視覺進行影像描述的步驟，完整實作可參閱 cv01 範例。

Step 01 前往 Azure 申請 Computer Vision 電腦視覺服務的金鑰 (Key) 與端點 (Url)。(後面會一步步帶領申請)

Step 02 專案安裝 Microsoft.Azure.CognitiveServices.Vision.ComputerVision 套件。

Step 03 建立 ComputerVisionClient 類別的電腦視覺物件，並指定服務的金鑰和端點。最後執行 DescribeImageInStreamAsync() 方法，傳回影像描述結果給 ImageDescription 類別物件 res。寫法如下：

```
//建立電腦視覺物件，同時指定電腦視覺服務的金鑰 Key
ComputerVisionClient 電腦視覺物件 = new ComputerVisionClient(
        new ApiKeyServiceClientCredentials("電腦視覺服務的金鑰(key)"),
        new System.Net.Http.DelegatingHandler[] { });

//指定電腦視覺服務端點 Url
電腦視覺物件.Endpoint = "電腦視覺服務的端點(Url)";

//執行 DescribeImageInStreamAsync()方法將影像分析結果傳給 res
ImageDescription res =
        await 電腦視覺物件.DescribeImageInStreamAsync(影像檔案串流);
```

Step 04　使用 ImageDescription 類別物件 res 取得影像描述資訊，如影像中
的項目、描述說明以及影像描述的信度。

接著以 cv01 範例來練習分析影像，並取得影像描述資訊。

3.4.2 影像描述範例實作

⬇ 範例：cv01.sln

練習製作可進行影像描述的程式。程式執行時按下 ▢ 開檔 ▢ 鈕開啟開檔
對話方塊，並指定所要分析影像的圖檔，接著會將影像中的描述 (影像
說明)、描述信度以及標籤項目顯示於右方的多行文字方塊。

執行結果

圖片的描述說明為「Andy Lau in a suit」(穿西裝的劉德華),描述的信度為 0.471529483795166

圖片的描述說明為「a tall building in Taipei 101」(台北 101 的高樓),描述的信度為 0.5723971724510193

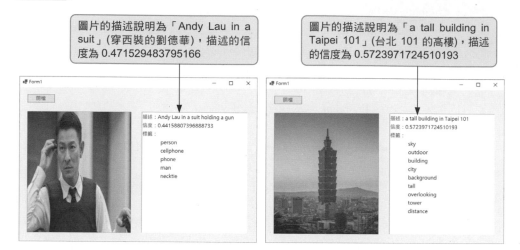

▲ 分析劉德華的影像　　　　　　▲ 分析台北 101 影像

操作步驟

Step 01 連上 Azure 雲端平台取得 Computer Vision 電腦視覺服務的金鑰 (Key) 和端點 (Url):

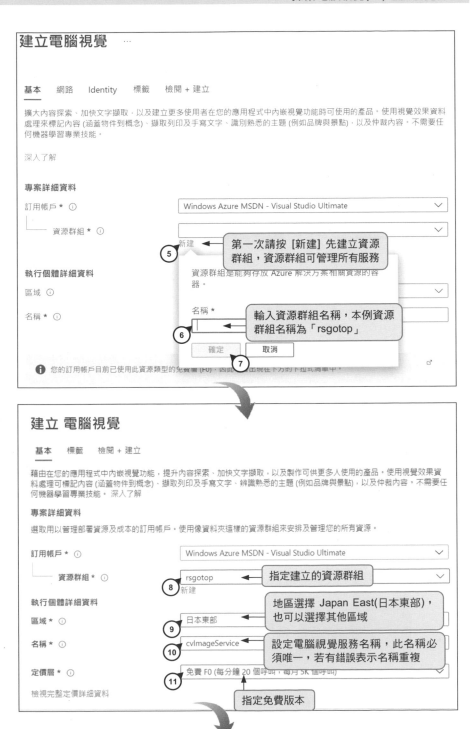

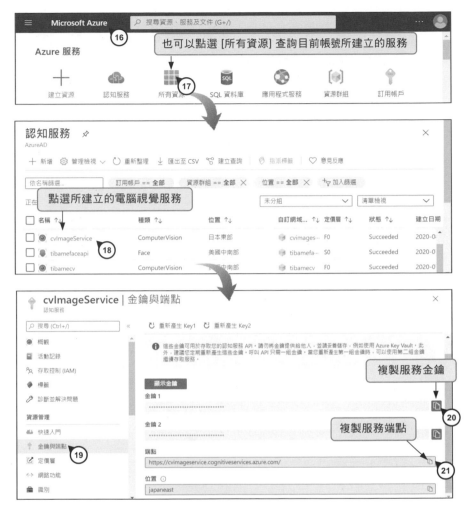

上圖的電腦視覺服務提供兩組金鑰和一個端點。請使用 🗐 鈕將其中一組服務金鑰和端點複製到文字檔內,金鑰和端點撰寫程式需要使用。

Step 02` 進入 Visual Studio 開發環境並執行功能表的【檔案(F) / 新增(N) / 專案(P)...】指令,依下圖操作建立「Windows Forms 應用程式」,使用 C#程式語言開發,專案名稱為 cv01。(此步驟後面省略說明,關於 C#程式語言介紹可參閱《Visual C# 2022 基礎必修課》)。

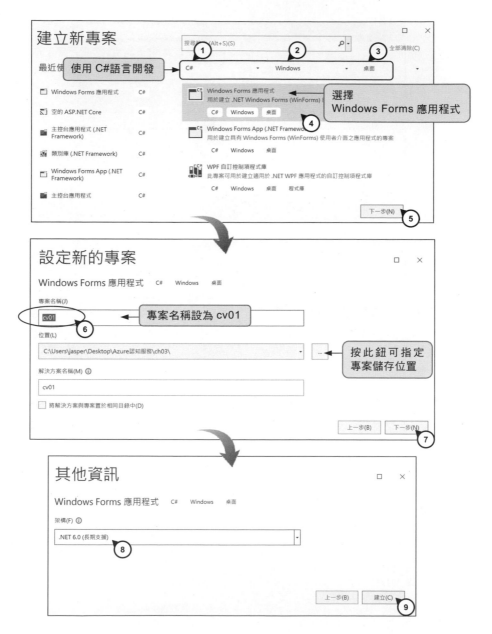

Step 03 使用工具箱的 Button 按鈕、PictureBox 圖片方塊、RichTextBox 多行文字方塊以及 OpenFileDialog 開檔對話方塊,建立如下表單控制項輸出入介面,各控制項物件名稱採用預設名稱,如下:

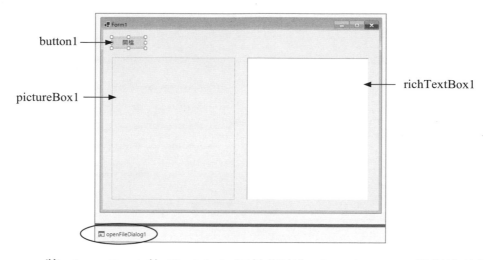

將 pictureBox1 的 SizeMode 屬性指定為 StretchImage，使指定的圖和 pictureBox1 進行相同大小的縮放；同時再將 pictureBox1 的 PictureBoxSizeMode 屬性指定為 FixedSingle，使 pictureBox1 呈現框線。

Step 04 安裝 Computer Vision 電腦視覺套件：

在方案總管視窗的「相依性」按滑鼠右鍵執行【管理 NuGet 套件 (N)】，接著依圖示操作安裝「Microsoft.Azure.CognitiveServices. Vision.ComputerVision」套件。

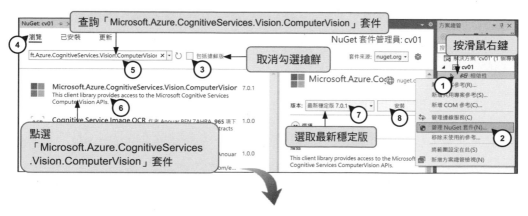

Step 05 撰寫 開檔 鈕 button1_Click 事件處理函式的程式碼。

程式碼 FileName:Form1.cs

```
01 using Microsoft.Azure.CognitiveServices.Vision.ComputerVision;
02 using Microsoft.Azure.CognitiveServices.Vision.ComputerVision.Models;
03
04 namespace cv01
05 {
06     public partial class Form1 : Form
07     {
08         public Form1()
09         {
10             InitializeComponent();
11         }
12
13         private async void button1_Click(object sender, EventArgs e)
14         {
15             if (openFileDialog1.ShowDialog() == DialogResult.OK)
16             {
17                 try
18                 {
19                     string cvApiUrl = "申請的電腦視覺服務端點";
20                     string cvApiKey = "申請的電腦視覺服務金鑰";
21                     string imagePath = openFileDialog1.FileName;
```

```
22          //建立 FileStream 物件 fs 開啟圖檔
23          FileStream fs = File.Open(imagePath, FileMode.Open);
24
25          //建立電腦視覺辨識物件，同時指定電腦視覺辨識的雲端服務 Key
26          ComputerVisionClient visionClient =
                new ComputerVisionClient(
                new ApiKeyServiceClientCredentials(cvApiKey),
                new System.Net.Http.DelegatingHandler[] { });
27
28          //電腦視覺辨識物件指定雲端服務 Api 位址
29          visionClient.Endpoint = cvApiUrl;
30
31          //使用 DescribeImageInStreamAsync()方法傳回辨識分析結果 res
32          ImageDescription res =
                await visionClient.DescribeImageInStreamAsync(fs);
33
34          // 若辨識失敗則傳回 null
35          if (res == null)
36          {
37              richTextBox1.Text = "辨識失敗，請重新指定圖檔";
38              return;
39          }
40
41          // 將圖片的辨識的內容顯示於 richTextBox1
42          richTextBox1.Text=$"描述：{res.Captions[0].Text}\n" +
                $"信度：{res.Captions[0].Confidence}";
43          string tags = "\n 標籤：\n";
44          for (int i = 0; i < res.Tags.Count(); i++)
45          {
46              tags += $"\t{ res.Tags[i]}\n";
47          }
48          richTextBox1.Text +=  tags ;
49          //pictureBox1 顯示指定的圖片
50          pictureBox1.Image = new Bitmap(imagePath);
51          //釋放影像串流資源
52          fs.Close();
53          fs.Dispose();
54          GC.Collect();
55      }
```

56	catch (Exception ex)
57	{
58	richTextBox1.Text = $"錯誤訊息：{ex.Message}";
59	}
60	}
61	}
62	}
63	}

說明

1. 第 1-2 行：引用電腦視覺套件相關命名空間。

2. 第 13,32 行：ComputerVisionClient 物件的 DescribeImageInStreamAsync() 為非同步方法，故呼叫時必須加上 await 關鍵字，使用的事件處理函式也要定義為 async。

3. 第 19,20 行：請填入自行申請的電腦視覺服務的金鑰與端點。(可參考本例 Step01 步驟)

4. 第 26,29 行：建立 ComputerVisionClient 類別物件 visionClient，同時指定電腦視覺服務的金鑰與端點給 visionClient。

3.4.3 影像分析開發步驟

　　電腦視覺除了可取得影像描述中的項目、描述說明以及描述說明信度之外，還可以配合 VisualFeatureTypes 列舉來指定分析更細部的視覺特徵。例如：取得影像類型、顏色資訊、臉部資訊、成人資訊、影像分類、名人、地標 … 等資訊。如下程式寫法可使用 ImageAnalysis 類別物件 res，取得影像更細部的視覺特徵。

```
//建立電腦視覺物件，同時指定電腦視覺服務的金鑰 Key
ComputerVisionClient 電腦視覺物件 = new ComputerVisionClient(
    new ApiKeyServiceClientCredentials("電腦視覺服務的金鑰(key)"),
    new System.Net.Http.DelegatingHandler[] { });

//指定電腦視覺服務端點 Url
電腦視覺物件.Endpoint = "電腦視覺服務的端點(Url)";
```

```
// 指定要分析的列舉項目(視覺特徵)，並將分析的列舉存入 visualFeatures 陣列
VisualFeatureTypes?[] visualFeatures = new VisualFeatureTypes?[]
{
    VisualFeatureTypes.ImageType,   //影像類型
    VisualFeatureTypes.Color,       //顏色資訊
    VisualFeatureTypes.Faces,       //臉部資訊
    VisualFeatureTypes.Adult,       //成人資訊
    VisualFeatureTypes.Categories,  //影像分類
    VisualFeatureTypes.Tags,        //影像中的項目
    VisualFeatureTypes.Objects,     //影像中的物件
    VisualFeatureTypes.Brands,      //影像中的品牌
    VisualFeatureTypes.Description  //影像描述
};

//使用 AnalyzeImageInStreamAsync()方法將分析結果傳給 ImageAnalysis 物件 res
ImageAnalysis res = await 電腦視覺物件.AnalyzeImageInStreamAsync
    (影像檔案串流, visualFeatures); // visualFeatures 是指定分析的視覺特徵
```

接著以 cv02 範例來練習影像分析。

3.4.4 影像分析範例實作

📥 範例：cv02.sln

練習製作影像分析的程式。程式執行時按下 ┌ 開檔 ┐ 鈕開啟開檔對話方塊，並指定所要分析影像的圖檔。接著會將影像中的影像描述與信度、臉部的年齡與性別以及標籤和標籤信度，顯示於多行文字方塊中。

執行結果

描述：Andy Lau, Rosamund Kwan holding guns
信度：0.558333158493042
性別與年齡：

Male	33
Female	29

標籤與信度：

clothing	0.9987066984176636
person	0.9972289800643921
human face	0.9543231725692749
smile	0.9284801483154297
standing	0.8970995545387268
man	0.8951470851898193
sleeve	0.8474256992340088

⊙ 影像分析結果

操作步驟

Step 01 ‵ 進入 Visual Studio 開發環境並執行功能表的【檔案(F) / 新增(N) / 專案(P)…】指令建立「Windows Forms 應用程式」，使用 C#程式語言開發，專案名稱為 cv02。

Step 02 ‵ 建立如下表單控制項輸出入介面：

button1 ⟶

pictureBox1 ⟶

richTextBox1

openFileDialog1

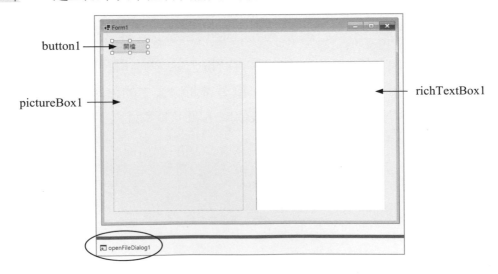

將 pictureBox1 的 SizeMode 屬性指定為 StretchImage，使指定的圖和 pictureBox1 進行相同大小的縮放；同時再將 pictureBox1 的 PictureBoxSizeMode 屬性指定為 FixedSingle，使 pictureBox1 呈現框線。(此步驟之後章節省略說明)

Step 03 安裝 Computer Vision 電腦視覺套件：

在方案總管視窗的「相依性」按滑鼠右鍵執行【管理 NuGet 套件(N)】，接著依圖示操作安裝「Microsoft.Azure.CognitiveServices.Vision.ComputerVision」套件。

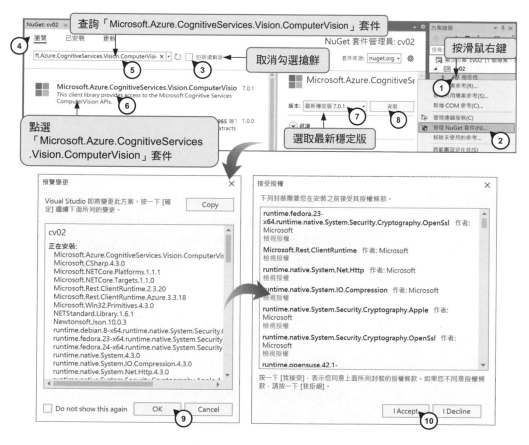

Step **04** 撰寫程式碼

程式碼 FileName:Form1.cs

```csharp
01 using Microsoft.Azure.CognitiveServices.Vision.ComputerVision;
02 using Microsoft.Azure.CognitiveServices.Vision.ComputerVision.Models;
03
04 namespace cv02
05 {
06     public partial class Form1 : Form
07     {
08         public Form1()
09         {
10             InitializeComponent();
11         }
12
13         private async void button1_Click(object sender, EventArgs e)
14         {
15             if (openFileDialog1.ShowDialog() == DialogResult.OK)
16             {
17                 try
18                 {
19                     string cvApiUrl = "申請的電腦視覺服務端點";
20                     string cvApiKey = "申請的電腦視覺服務金鑰";
21                     string imagePath = openFileDialog1.FileName;
22                     //建立 FileStream 物件 fs 開啟圖檔
23                     FileStream fs = File.Open(imagePath, FileMode.Open);
24
25                     //建立電腦視覺辨識物件，同時指定電腦視覺辨識的雲端服務 Key
26                     ComputerVisionClient visionClient =
                         new ComputerVisionClient(
                         new ApiKeyServiceClientCredentials(cvApiKey),
                         new System.Net.Http.DelegatingHandler[] { });
27
28                     //電腦視覺辨識物件指定雲端服務 Api 位址
29                     visionClient.Endpoint = cvApiUrl;
30
31                     // 指定要分析的列舉項目(視覺特徵)，並將分析的列舉存入 visualFeatures 陣列
32                     VisualFeatureTypes?[] visualFeatures = new VisualFeatureTypes?[]
                         {
```

CH03　探索電腦視覺(一)電腦視覺分析

```
                VisualFeatureTypes.ImageType,      //影像類型
                VisualFeatureTypes.Color,          //顏色資訊
                VisualFeatureTypes.Faces,          //臉部資訊
                VisualFeatureTypes.Adult,          //成人資訊
                VisualFeatureTypes.Categories,     //影像分類
                VisualFeatureTypes.Tags,           //影像中的項目
                VisualFeatureTypes.Objects,        //影像中的物件
                VisualFeatureTypes.Brands,         //影像中的品牌
                VisualFeatureTypes.Description     //影像描述
            };
33
34  //使用 AnalyzeImageInStreamAsync() 方法將分析結果傳給 ImageAnalysis 物件 res
35            // visualFeatures 是指定分析的視覺特徵
36            ImageAnalysis res =
                await visionClient.AnalyzeImageInStreamAsync
                (fs, visualFeatures);
37
38            // 若辨識失敗則傳回 null
39            if (res == null)
40            {
41                richTextBox1.Text = "辨識失敗，請重新指定圖檔";
42                return;
43            }
44
45            // 將圖片的辨識的內容顯示於 richTextBox1
46            string str = "";
47            str = $"描述：{res.Description.Captions[0].Text}\n" +
                $"信度：{res.Description.Captions[0].Confidence}";
48            str += "\n 性別與年齡：\n";
49            for (int i = 0; i < res.Faces.Count(); i++)
50            {
51                str+=$"\t{ res.Faces[i].Gender}\t\t{res.Faces[i].Age}\n";
52            }
53            str += "\n 標籤與信度：\n";
54            for (int i = 0; i < res.Tags.Count(); i++)
55            {
56                str +=
                $"\t{ res.Tags[i].Name}\t\t{res.Tags[i].Confidence}\n";
57            }
58            richTextBox1.Text = str;
```

3-29

```
59
60                     //pictureBox1 顯示指定的圖片
61                     pictureBox1.Image = new Bitmap(imagePath);
62                     //釋放影像串流資源
63                     fs.Close();
64                     fs.Dispose();
65                     GC.Collect();
66                 }
67                 catch (Exception ex)
68                 {
69                     richTextBox1.Text = $"錯誤訊息：{ex.Message}";
70                 }
71             }
72         }
73     }
74 }
```

⟳ 説明

1. 第 13,36 行：ComputerVisionClient 物件的 AnalyzeImageInStreamAsync() 為非同步方法，故呼叫時必須加上 await 關鍵字，使用的事件處理函式也要定義為 async。

2. 第 19,20 行：請填入自行申請的電腦視覺服務的金鑰與端點。(可參考 3.4.2 節 cv01 範例的 Step01 步驟)

3. 第 26,29 行：建立 ComputerVisionClient 類別物件 visionClient，同時指定電腦視覺服務的金鑰與端點給 visionClient。

4. 第 32 行：建立分析影像的視覺特徵物件 visualFeatures。

5. 第 36 行：使用 AnalyzeImageInStreamAsync()方法指定要分析影像與視覺特徵，並傳回影像分析結果 ImageAnalysis 類別物件 res。

6. 第 46-58 行：將影像分析的描述與信度、臉部的性別與年齡、標籤與標籤信度，顯示於 richTextBox1 中。

3.5 模擬試題

題目(一)

使用「電腦視覺」服務資源可以完成哪兩項任務？

① 檢測圖像中的人臉　② 識別手寫文字

③ 將圖像中的文本翻譯為不同語言　④ 訓練自定影像分類模型

題目(二)

「在圖像中找到車輛。」是屬哪一種電腦視覺影像分析功能？

① 臉部辨識　② 物件偵測　③ 影像分類　④ 光學字元識別(OCR)

題目(三)

「識別圖像中的名人。」是屬哪一種電腦視覺影像分析功能？

① 臉部辨識　② 物件偵測　③ 影像分類　④ 光學字元識別(OCR)

題目(四)

使用「電腦視覺」服務資源可以完成哪兩項任務？

① 進行不同語言之間的文本翻譯　② 檢測圖像中的色彩配置

③ 檢測圖像中的品牌　④ 提取關鍵短語　⑤ 將文字翻譯成不同的語言

題目(五)

想要使用電腦視覺服務來分析影像，也想要使用語言服務 (如：翻譯工具)來分析文字。您應該在 Azure 訂用帳戶中建立哪種資源？

① 電腦視覺　② 認知服務　③ 自訂視覺　④ 影像分割

題目(六)

使用電腦視覺服務來偵測影像中個別項目的座標位置,您應該擷取影像中的哪一項?

① 物件　② 類別　③ 標籤　④ 像素

 題目(七)

想要使用電腦視覺服務來偵測特定領域內容(如:知名建築物),您應該擷取影像類別中的哪一項領域模型?

① 品牌　② 名人　③ 地標　④ 食物

 題目(八)

有關電腦視覺服務的語意分割,是針對影像的哪一項進行檢測分類?

① 物件　② 類別　③ 標籤　④ 像素

 題目(九)

電腦視覺服務識別找到一個有 POPPY 標誌的食品包裝。是電腦視覺服務分析影像的哪一項工作?

① 影像分割　② 物件偵測　③ 影像分類　④ 偵測品牌

 題目(十)

電腦視覺服務識別找出影像中的人臉,包括能夠判斷年齡以及代表臉部位置的矩形週框方塊,是電腦視覺服務分析影像的哪一項工作?

① 臉部偵測　② 物件偵測　③ 影像分類　④ 偵測品牌

探索電腦視覺 (二) OCR 與表單辨識器

4.1 光學字元識別 (OCR)

OCR (Optical Character Recognition) 中文叫做光學字元識別，是一種影像文字分析的技術，用來偵測和讀取影像中文字，並轉換為機器可讀取文字格式的程序。簡言之，OCR 可以將影像中的文字取出，例如：相片中的商店招牌、街道號誌，以及文章、發票、財務報表、帳單…等文件。當您用機器掃描了文件 (如：信件、發票或表單)，或手機拍照含有文字的相片 (如：道路標誌或店面招牌)。在電腦中，這種掃描文件與相片被儲存為影像檔案。您無法使用文字編輯器從影像檔案中擷取出文字資料來編輯，但可以使用 OCR 的技術將影像中的文字圖像轉換為數位文字符號資料。

4.1.1 OCR 的使用範例

一. 偵測和讀取影像中的文字

生活中隨手拍的書籍或雜誌片段，都可透過 OCR 辨識技術，將圖片轉換為文字資料。OCR 對電視或影像中出現的文字進行辨別分析，可以快速

監控所有新聞與廣告，檢查新聞內容是否有提及相關名詞；檢查廣告內容是否有提及公司品牌相關字眼。

Family Mart

▲ OCR 辨識技術，可將相片中的招牌文字圖片轉換為可編輯的文字資料

二. 偵測和讀取 PDF 文件檔中的文字

PDF 文件檔最常被用來作傳單、產品說明書、電子書、掃描文件，當然還有很多不同型式的文件也都能用 PDF 檔的形式儲存，像是文書排版文件也能用 PDF 檔來儲存。所以 PDF 是可攜式文件，可以在任何設備上開啟同一個 PDF 檔案，不必依賴特定的作業系統或軟體，其顯示的都會是相同的內容。但 PDF 文件只能閱讀不能編輯，而 OCR 可以從 PDF 文件中擷取出可編輯的文字。

物件導向程式設計與多表單 ❖ 學習物件導向程式設計觀念 ❖ 學習物件與類別的建立 ❖ 學習表單類別檔的架構 ❖ 學習多表單的程式設計

▲ OCR 辨識技術，可將 PDF 文件內的唯讀文字轉換為可編輯的文字資料

三. 偵測和讀取相片中的手寫文字

　　我們常會以手寫文字在紙張上記錄生活上的點點滴滴，如：情書、日記、手稿、卡片、字條。那手寫的文字能不能被偵測？能不能被讀取？能不能被轉換為 TEXT 文字呢？這也是 OCR 可以做到的事，但辨識轉換後的文字有時會有誤判的情形，不過準確度已經可以很高。

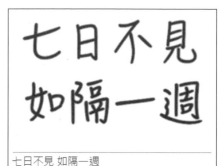

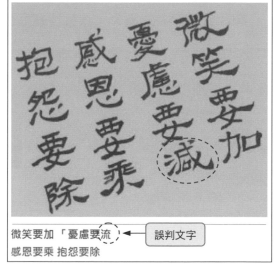

▲ OCR 辨識技術，可將影像中的手寫文字轉換為可編輯的文字資料

4.1.2 傳統 OCR 的辨識流程

　　OCR 主要的目標是從圖片中或掃描檔案中辨識出文字資訊。傳統 OCR 辨識流程主要有七個步驟：

Step 01　影像輸入：讀取其中的平面文字。

Step 02　前期影像處理

1. 二值化：簡單地將其理解為「黑白化」。先對彩色圖進行處理，使圖片只剩下前景資訊與背景資訊，即使前後背景分開、留下黑色字體的前景，與白色的背景。

2. 降噪處理：對於不同的圖像，影像噪點可能不同，根據噪點的特徵進行去噪的過程，稱為降噪。

 影像噪點：影像表面所形成的一些隨機或固定的斑點或彩色污點。

3. 傾斜校正：在拍照文件時，難以符合水平與豎直完全平齊，因此拍照圖片會有傾斜的情形，這就需要進行傾斜校正。

Step 03 版面分析：將文件圖片進行分段落，分行的過程。

Step 04 分割字元：將平面中的所有文字、數碼和標點符號不同字元之間分割開。

Step 05 字元辨識：分析裝置透過多種方法尋找字元中最具特徵的部分，如：文字的位移、筆畫的粗細、斷筆、粘連、旋轉…等因素的影響，再判讀字元的意思，並進行編碼。

Step 06 比對校正：將辨識編碼後的字元，與文字資料庫進行比對，並根據特定的語言上下文的關係，找出最接近的文字。

Step 07 辨識結果輸出：將辨識出的字元以某一格式的文字文件輸出。

4.1.3 傳統 OCR 與深度學習 OCR

雖然傳統 OCR 辨識技術的準確度已經很高，但在辨識轉換文字時仍難免有誤判，造成的因素有：複雜背景、低解析度、影像退化、多語言文字混合、藝術字、字元形變、文字行複雜版型、字元殘缺、光照不均勻…等。傳統 OCR 發展至今，已經取得很好效果並且解決了大部分簡單場景。但是傳統 OCR 面臨複雜場景時，精確度很難符合實際需求。

深度學習 OCR 是利用模型演算法自動檢測出文本的類別，及相對應位置文本信息，並自動識別文本內容。一般用到的模型演算法有「檢測演算

法」(如：FasterRCNN、CTPN、FCN、TextBoxes、SegLink、EAST) 和
「識別演算法」(如：CRNN、CRNN+CTC、Seq2seq-Attention)。

　　深度學習的 OCR 表現相較於傳統 OCR 更為出色，但是深度學習技術
仍需要傳統 OCR 方法的精髓逐漸演化。因此我們仍需要從傳統方法中汲取
經驗，使其與深度學習進一步提升 OCR 的性能表現。

4.1.4 OCR 的實用案例

　　至今的光學字元辨識 (OCR)，已結合人工智慧進行深度學習，可為人
類提供更精準的文字辨識服務。

一. 郵政

　　郵局使用 OCR 來辨識郵遞區號自動分類郵件。

二. 銀行

　　銀行業使用 OCR 來處理和驗證貸款文件、存款支票和其他金融交易的
文書工作。用 OCR 驗證可改善詐騙防護並增強交易安全性。

三. 醫療保健

　　醫療保健利用 OCR 處理患者記錄，包括治療、檢測、醫院記錄和保險
支付。有助於精簡工作流程並減少醫院的手動工作，同時使記錄保持最新
狀態。

四. 物流

　　物流公司利用 OCR，可更有效地追蹤包裹標籤、發票、收據…等文
件。藉由含 OCR 功能的軟體，可以跨多種不同裝置更準確地讀取字元，從
而提高業務效率。

五. 智慧監控

可以針對電視新聞、影像或廣告中提及的文字進行辨別分析，快速監控所有新聞報導是否合乎規定，及廣告是否有播放不實內容，或電視節目是否有提及與公司品牌相關之名詞。

4.2 Azure 電腦視覺認知服務讀取文字

Azure 電腦視覺認知服務提供兩種應用程式開發介面 (API)，可供您用來讀取影像中的文字，分別是「OCR API」和「Read API」。

一. OCR API

OCR API 專為快速擷取影像中的少量文字所設計，可讀取小型到中型的文字，也可用來讀取多種語言的文字。當使用 OCR API 處理影像時，呼叫單一函式，結果會立即同步傳回。OCR API 所偵測到的文字層級分為影像的「區域」，然後再進一步細分為「行列」，最後是個別的「單字」或「字詞」。OCR API 會傳回定義矩形框方塊座標資料，指示影像中區域、文字行或字詞出現的位置。OCR API 未針對大型文件最佳化，且不支援 PDF 格式。

二. READ API

Read API 使用最新的辨識模型，辨識文字時可以有更高的精確度，特別是具有大量文字的掃描文件，如：PDF 格式文件。支援有印刷文字的影像及辨識手寫。Read API 所偵測到的文字層級，細分為「頁面」、「行」、「字詞」。文字值也會同時包含在「行」和「字詞」層級中，每一行和每個字詞都有矩形框方塊座標資料，可以指出其在影像頁面中的位置。若不需要在個別「字詞」層級上取出文字，則能輕易地讀取整行文字。

4.3　表單辨識器

「表單辨識器」(Form Recognizer) 又稱「表格辨識器」，是微軟 Azure AI 中認知服務的其中一個項目，它是針對表格作辨識的一個服務。其使用機器學習模型從您的圖檔中擷取索引鍵/值組、文字和資料表。表單辨識器可分析表單和圖檔、擷取文字和資料 (例如：資料表、圖片、PDF、發票、收據、身份證、名片、書寫和打印文件 … 等)，將欄位關聯性對應為索引鍵/值組，用結構化 JSON 資料標記法傳出。

若是使用手動程序要從表單中擷取資料，是耗時且困難的。而透過表單辨識器，您可以將此程序自動化，減少手動輸入錯誤並且可節省時間，同時提高資料的存取性。

4.3.1　表單辨識器的建置模型

表單辨識器版面配置 API 可以從 PDF、TIFF、JPG、PNG 影像中，擷取文字、表格、選取標記和資料表結構 (包括與文字相關聯的資料列和資料行編號)，及其周框方塊座標資料。表單辨識器的預建模型，結合了功能強大的光學字元辨識 (OCR) 功能與深度學習模型，在分析與擷取資料後會傳回結構化 JSON 資料。

一. 發票模型

發票可以是各種格式和品質，包括手機擷取的影像、掃描的影像檔和數位 PDF。發票模型結合了 OCR (光學字元辨識) 功能與深度學習模型，API 會分析發票文字，擷取發票中的重要欄位和明細資訊，例如：客戶名稱、帳單位址、到期日、金額…等，並傳回結構化 JSON 資料。

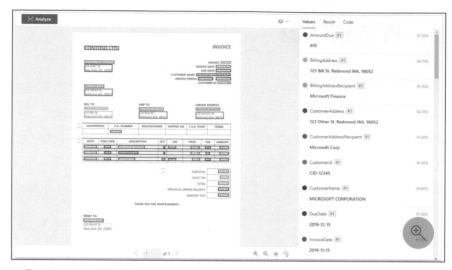

▲ 使用表單辨識器處理的發票範例 (圖片取自 Microsoft 文件技術網站)

二. 收據模型

收據模型結合了 OCR (光學字元辨識) 功能與深度學習模型，可從銷售收據分析資料，擷取您需要的資訊。收據可以是各種格式和品質，包括列印和手寫收據、掃描的複本、影像。API 會擷取交易日期、商家名稱、商家電話號碼、稅務和交易總計…等重要資訊，並傳回結構化 JSON 資料。

▲ 使用表單辨識器處理的收據範例 (圖片取自 Microsoft 文件技術網站)

三. 識別碼檔模型

　　識別碼檔模型結合了 OCR (光學字元辨識) 功能與深度學習模型，分析並擷取美國驅動程式授權的重要資訊 (所有 50 個州/地區和加拿大) 和國際護照個人資料頁面。API 會分析身分識別檔、再擷取重要資訊，並傳回結構化 JSON 資料。例如：文件編號、姓名、居住國家/地區、到期日。

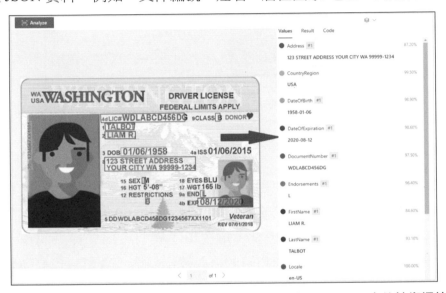

　⊙　使用表單辨識器處理的識別碼檔範例。 (圖片取自 Microsoft 文件技術網站)

四. 名片模型

　　名片模型結合了 OCR (光學字元辨識) 功能與深度學習模型，API 分析和擷取名片影像中的關鍵資訊，例如：名字、姓氏、Email 地址、電話號碼、公司名稱。並傳回結構化 JSON 資料。

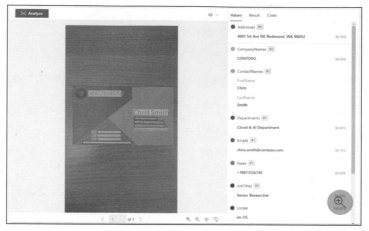

⊙ 使用表單辨識器處理的名片範例 (圖片取自 Microsoft 文件技術網站)

五. 自訂模型

透過表單辨識器，可以使用預先建置或定型的模型，也可以針對您的特定表單量身打造，指定特定的擷取文字、索引鍵/值配對、選取標記和資料表資料，定型獨特的自訂模型。這些預建模型可用您提供的資料來定型，改善資料擷取效能，以可自訂的格式輸出結構化資料。自訂模型最適合用於重複使用的表單。

4.4 電腦視覺讀取影像文字開發實作

4.4.1 Read API 讀取影像文字開發步驟

電腦視覺提供的 Read API 在呼叫函式時以非同步方式運作，其應用程式的使用流程是：先取得「作業識別碼」，接著使用電腦視覺物件執行 GetReadResults() 方 法 ， 並 傳 入 該 作 業 識 別 碼 ， 最 後 會 傳 回 ReadOperationResult 類別物件，此物件可取得影像中已讀取文字的詳細資料。其寫法如下：

```
//建立電腦視覺物件,同時指定電腦視覺服務的金鑰 Key
ComputerVisionClient 電腦視覺物件 = new ComputerVisionClient(
    new ApiKeyServiceClientCredentials("電腦視覺服務的金鑰(key)"),
    new System.Net.Http.DelegatingHandler[] { });

//指定電腦視覺服務端點 Url
電腦視覺物件.Endpoint = "電腦視覺服務的端點(Url)";

// 執行 ReadInStreamAsync()方法傳送圖檔發送請求
ReadInStreamHeaders textHeaders =
    await visionClient.ReadInStreamAsync(影像檔案串流);
// 取得 Read API 操作服務區域位址
string operationLocation = textHeaders.OperationLocation;
// 等待 3 秒以利取得 Read API 操作服務區域位址
Thread.Sleep(3000);
// 取得 Read API 的 operationId 作業識別碼(ID)
int numberOfCharsInOperationId = 36;
string 作業識別碼 = operationLocation.Substring
    (operationLocation.Length - numberOfCharsInOperationId);

// 執行 GetReadResultAsync()方法傳入作業識別碼
// 取得 ReadOperationResult 本文類別物件 results,此物件可取得已讀取文字內容
ReadOperationResult results = await 電腦視覺物件.GetReadResultAsync
    (Guid.Parse(作業識別碼));
```

接著以 ReadApi01 範例來練習讀取影像中的文字。

4.4.2 讀取影像文字範例實作

📥 範例:ReadApi01.sln

練習製作讀取影像文字的程式。程式執行時按下 讀取影像文字 鈕,開啟開檔對話方塊並指定含有文字的影像,接著將讀取影像中的文字、Read API 服務位址和作業識別碼等資料,放入多行文字方塊中顯示。

執行結果

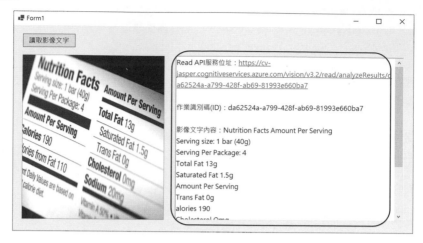

⊙ 右邊多行文字方塊中顯示讀取影像文字的結果

操作步驟

Step 01 申請電腦視覺服務的金鑰與端點。(可參考 3.4.2 節 cv01 範例的 Step01 步驟)。

Step 02 建立如下輸出入介面：

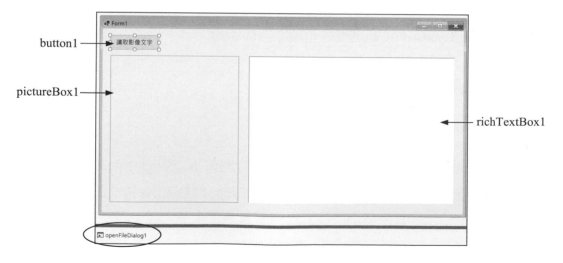

Step 03 安裝 Computer Vision 電腦視覺套件：

在方案總管視窗的「相依性」按滑鼠右鍵執行【管理 NuGet 套件 (N)】，接著依圖示操作安裝「Microsoft.Azure.CognitiveServices. Vision.ComputerVision」套件。

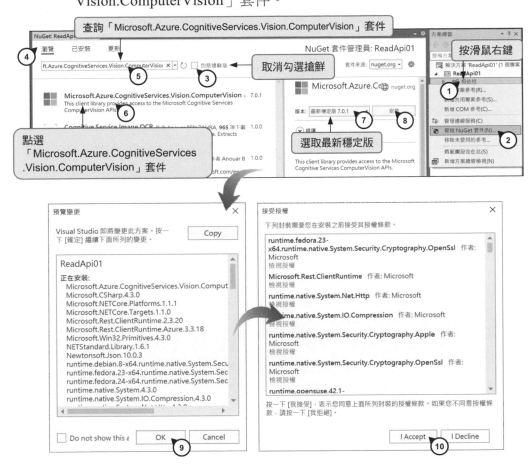

Step 04 撰寫程式碼

程式碼 FileName:Form1.cs

```
01 using Microsoft.Azure.CognitiveServices.Vision.ComputerVision;
02 using Microsoft.Azure.CognitiveServices.Vision.ComputerVision.Models;
03
04 namespace ReadApi01
05 {
```

```
06    public partial class Form1 : Form
07    {
08        public Form1()
09        {
10            InitializeComponent();
11        }
12
13        private async void button1_Click(object sender, EventArgs e)
14        {
15            if (openFileDialog1.ShowDialog() == DialogResult.OK)
16            {
17                try
18                {
19                    string cvApiUrl = "申請的電腦視覺服務端點";
20                    string cvApiKey = "申請的電腦視覺服務金鑰";
21                    string imagePath = openFileDialog1.FileName;
22                    //建立 FileStream 物件 fs 開啟圖檔
23                    FileStream fs = File.Open(imagePath, FileMode.Open);
24
25                    //建立電腦視覺辨識物件，同時指定電腦視覺辨識的雲端服務 Key
26                    ComputerVisionClient visionClient =
                        new ComputerVisionClient(
                        new ApiKeyServiceClientCredentials(cvApiKey),
                        new System.Net.Http.DelegatingHandler[] { });
27
28                    //電腦視覺辨識物件指定雲端服務 Api 位址
29                    visionClient.Endpoint = cvApiUrl;
30
31                    // 執行 ReadInStreamAsync()方法傳送圖檔發送請求
32                    ReadInStreamHeaders textHeaders = await
                        visionClient.ReadInStreamAsync(fs);
33                    // 取得 Read API 操作服務區域位址
34                    string operationLocation =
                        textHeaders.OperationLocation;
35                    // 等待 3 秒以利取得 Read API 操作服務區域位址
36                    Thread.Sleep(3000);
37
38                    // 取得 Read API 的 operationId 作業識別碼(ID)
39                    int numberOfCharsInOperationId = 36;
```

```
40          string operationId = operationLocation.Substring
            (operationLocation.Length-numberOfCharsInOperationId);
41      richTextBox1.Text=$"Read API 服務位址：{operationLocation}\n\n" +
            $"作業識別碼(ID)：{operationId}\n\n";
42
43          // 取得影像中的本文物件
44          ReadOperationResult results = await
            visionClient.GetReadResultAsync(Guid.Parse(operationId));
45
46          // 將找到的本文內容逐一指定給 str
47          string str = "影像文字內容：";
48          IList<ReadResult> textUrlFileResults =
                results.AnalyzeResult.ReadResults;
49          foreach (ReadResult page in textUrlFileResults)
50          {
51              foreach (Line line in page.Lines)
52              {
53                  str += line.Text + "\n";
54              }
55          }
56          // richTextBox1 顯示影像中的本文內容
57          richTextBox1.Text += str;
58          pictureBox1.Image = new Bitmap(imagePath);
59          //釋放影像串流資源
60          fs.Close();
61          fs.Dispose();
62          GC.Collect();
63      }
64      catch (Exception ex)
65      {
66          richTextBox1.Text = $"錯誤訊息：{ex.Message}";
67      }
68      }
69    }
70  }
71 }
```

4.5 模擬試題

 題目(一)

賽跑比賽中跑步者的襯衫上別有數字布條,您應該使用哪種類型的電腦視覺來識別照片中跑步者的身分?

① 臉部辨識　② 物件偵測　③ 語意分割　④ 光學字元識別(OCR)

 題目(二)

若要從收據中提取小計和合計的資訊,請問要使用何種服務的功能?

① 自訂視覺　② 墨蹟識別器　③ 表單辨識器　④ 文字分析

 題目(三)

若要從電影海報中擷取電影片名,則可使用何種電腦視覺工作類型?

① 臉部辨識　② 物件偵測　③ 影像分類　④ 光學字元識別(OCR)

 題目(四)

若要從掃描的文件中自動提取文本、鍵/值組資料,請問應該使用哪種服務?

① 自訂視覺　② 墨蹟識別器　③ 表單辨識器　④ 文字分析

 題目(五)

若要為員工開發一個移動應用程式,以便在員工出差時掃描和儲存他們的費用。應該使用哪種類型的電腦視覺?

① 影像分類　② 物件偵測　③ 語意分割　④ 光學字元識別(OCR)

題目(六)

若要以高精確度讀取大量的文字，而有些文字是英文的手寫體，有些則是以多種語言列印出來。則使用電腦視覺認知服務提供的哪一個 API 最適合此案例？

① OCR API　② Read API　③ 影像分析 API　④ 表單辨識器

 題目(七)

請問 Read API 與 OCR API 的回應有何差異？

① 唯一的差別在於 Read API 可以用於手寫文字。

② OCR API 的結果依區域、行列、單字 細分，
　　Read API 的結果依頁面、行、字詞 細分。

③ OCR API 的結果包含影像和文字的周框方塊座標，
　　Read API 的結果只包含文字的結果。

④ 沒有差異。

 題目(八)

若已經將信件掃描為 PDF 格式，現在需要將 PDF 文件內所包含的文字取出。應該如何做？

① 使用自訂視覺服務。

② 使用電腦視覺認知服務的 OCR API。

③ 使用電腦視覺認知服務的 Read API。

④ 使用表單辨識器。

 題目(九)

下列傳統 OCR 辨識流程的步驟中，何者不是前期影像處理？

① 二值化　② 降噪處理　③ 傾斜校正　④ 比對校正。

題目(十)

認知服務表單辨識器版面配置的發票模型會傳回何種類型的資料？

① CSV 資料 (擷取的資訊會以逗號分隔)。

② 影像資料 (擷取的資訊會以周框方塊醒目提示)。

③ JSON 格式。

④ PDF 文件。

探索電腦視覺(三) 自訂視覺

5.1　自訂視覺簡介

　　微軟 Azure 的「自訂視覺」(Custom Vision) 服務是一項影像辨識服務，提供機器學習模型給開發人員來分析影像。開發人員可以透過此項服務，針對特定影像內的「物件」指定「標籤」(描述物件的標題文字)，來建置、部署專屬的自訂影像識別模型。建立「自訂視覺」服務專案時，開發人員不必具備任何機器學習的專業知識。使用時只需收集有相關性的影像群組 (如：含「計程車」物件的影像)，並為這些影像物件套用描述物件的文字標籤 (如：「TAXI」、「taxicab」或「計程車」)。將指定的影像上傳到自訂視覺專案並進行模型的定型 (train) 與預測，最後再將專案的服務模型發佈出來成為 API 端點，提供給用戶端應用程式來呼叫使用，以便讓應用程式來偵測特定物件 (如：「計程車」物件)。

　　自訂視覺服務有「影像分類」與「物件偵測」兩種功能。「影像分類」是以機器學習為基礎的電腦視覺形式，其中模型定型時根據其所包含的主要物件將影像分類，並使一個類別的影像群組套用一個指定標籤，每個標籤最少需要 5 個影像。「物件偵測」可框列出影像中的每個物件，再

由多個標籤中選擇套用，還可以取得個別物件在影像中四方形框座標位置 (left、top、width、height)，定型時每個物件最少要 15 個標籤影像。此外，上傳 Azure 能接受的影像格式檔有 .jpg、.png、.bmp、.gif，每一個影像檔案大小不可超過 6 M，每一張影像的高度或寬度不可低於 256 像素。

5.2　影像分類

當人類在進行「影像分類」的工作時，大腦的分類系統會接收一些輸入圖像，並適當的把圖像歸類到分類的類別。假設我們已經收集了這些圖片的標籤，當看到某些圖片時，並直接把該圖片歸類到對應的類別標籤。這對人類來說沒什麼困難，因為我們的大腦天生就具備這種分類的本能。

5.2.1　電腦如何進行影像分類

那電腦是如何進行「影像分類」的工作呢？「影像分類」所分類的物件為影像、圖片。數位影像是由「像素值」陣列所組成，所以當電腦看到一張圖片，其實是看到一堆圖像「像素」的數字，每個像素由代表紅 (0～255)、綠 (0～255)、藍 (0～255) 的 3 個值表示。

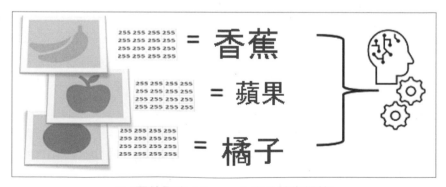

▲ (圖片取自 Microsoft 文件技術網站)

「影像分類」是一種機器學習技術,建立影像分類模型時,需要包含特徵及其標籤的資料。影像分類機器學習模型使用一組「特徵」的輸入,以計算每個可能類別的機率分數,並預測物件所屬的類別「標籤」。而組成的影像像素值用來做為輸入的特徵,再根據影像類別來定型模型。在模型定型期間,可以將像素值中的模式與一組類別標籤進行比對。模型定型之後,可偵測新的影像來預測未知的標籤值。

5.2.2 影像分類的用途

1. **產品識別**:針對特定產品的視覺搜尋。可以在線上搜尋網頁圖像,或使用行動裝置在實體商店搜尋實體物品。

2. **醫療診斷**:掃描醫學影像診斷相關的病情。可以從 X 光、電腦斷層 (CT) 或核磁共振造影 (MRI) 的影像快速發現特定問題,分類為癌症腫瘤或相關的病況。

3. **災害調查**:識別重大災害的發生和預防。調查人員可利用衛星遙測影像、航空照片、無人載具空拍影像、地面監控儀器 … 等方式進行圖面判釋,來監控主要基礎結構是否有嚴重損壞,及土地開發狀況。

5.3　在 Azure 使用影像分類

您可以使用自訂視覺服務來執行影像分類,該服務是 Azure 認知服務提供項目的一部分,讓具有很少或完全沒有機器學習專業知識的開發人員建立有效影像分類解決方案。

5.3.1 蒐集相關特性的影像群組

下面以影像中辨識出「蘋果」、「香蕉」、「橘子」三種水果為例,說明如何使用 Azure 建立影像分類解決方案。首先我們先蒐集含有蘋果、

香蕉、橘子三種水果類別的影像，並分別指定其標籤為「apple」、「banana」、「orange」。每種類別至少要有 5 個影像 (本例每個類別分別收集 15 張)，如下：

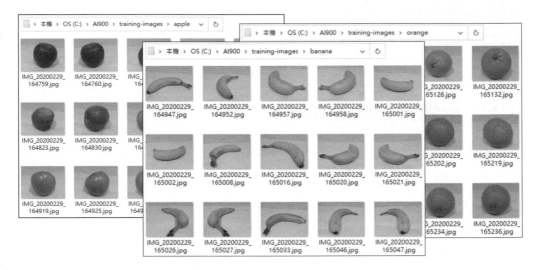

（▲）上面三種類別的影像，從 https://aka.ms/fruit-images 網址下載。

5.3.2 建立影像分類功能的自訂視覺服務模型

為了讓開發人員快速建置專屬的自訂影像識別模型。微軟提供自訂視覺入口網站「https://customvision.ai/」，可以快速建立、定型 (訓練) 與預測模型。請依下面步驟建立自訂視覺服務模型。

Step 01 登入 Azure 自訂視覺服務網站

1. 連結到「https://customvision.ai/」自訂視覺服務網站，點按 SIGN IN 鈕登入自訂視覺服務網站。

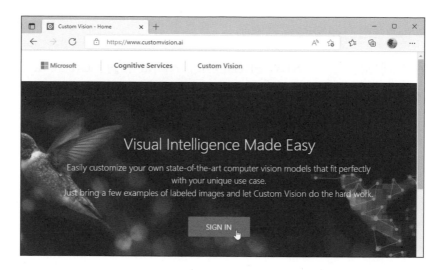

2. 輸入 Microsoft 帳戶的帳號、密碼完成登入的動作。登入後微軟會透過手機或 mail 給予您一個驗證碼,完成驗證的手續。

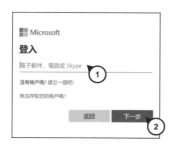

3. 出現建立自訂視覺專案的按鈕。

Step 02 建立自訂視覺服務專案

1. 在上圖點選 📲 「NEW PROJECT」，開啟下圖「Create new project」 (建立專案) 視窗。

2. 若是第一次建立自訂視覺服務專案，必須點選「create new」連結建立 自訂視覺服務資源 (Resource)。

3. 接著出現下圖「Create New Resource」(建立資源)視窗，請依下圖操作 建立自訂視覺服務資源名稱為「cvImage」(或取其它名稱)。

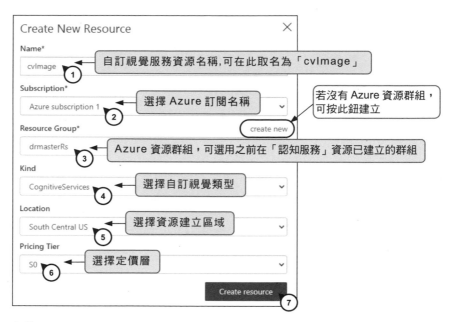

4. 再回到「Create new project」(建立專案) 視窗，請依下圖建立資料。

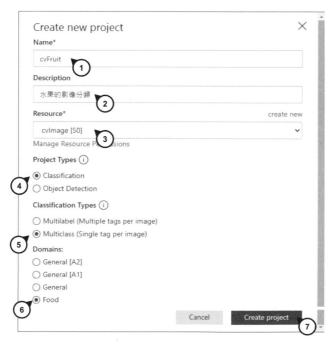

⟳ 説明

① Name (專案名稱)：可自行取有意義的名稱，如:「cvFruit」。

② Description (專案描述)：本例設為「水果的影像分類」。

③ Resource (資源)：選用之前建立的自訂視覺服務資源名稱「cvImage[S0]」。

④ Project Types (專案類型)：選用「Classification」(分類)。

⑤ Classfication Types (分類類型)：選用「Multiclass (Single tag per image)」，即在多類別中，每個影像一個標籤。

⑥ Domains (網域)：選用「Food」。

5. 然後再按下 Create project 鈕，完成專案的建立。

Step 03 上傳影像群組設定影像標籤

1. 若成功建立專案之後，會進入下圖畫面。

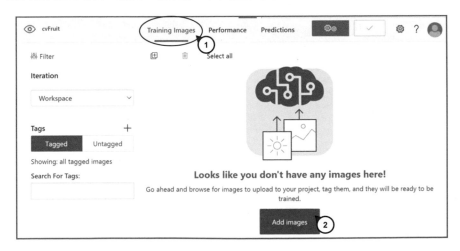

2. 在「Training Images」標籤頁中點選 Add images 鈕，出現的「開啟」對話方塊，選取要上傳的類別影像 (如：「apple」資料夾中的所有檔案，每個類別至少選取 5 張影像，本例每個類別採 15 張進行訓練)，點按 開啟(O) 鈕。

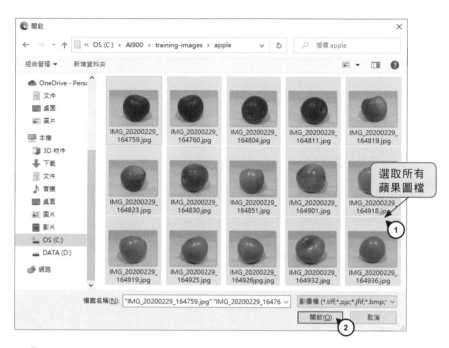

3. 出現「Image upload」對話方塊時，在「My Tags」處為影像設定標籤文字 (如：「apple」)，按 Upload 15 files 鈕上傳影像。待上傳完畢，再點按 Done 鈕。

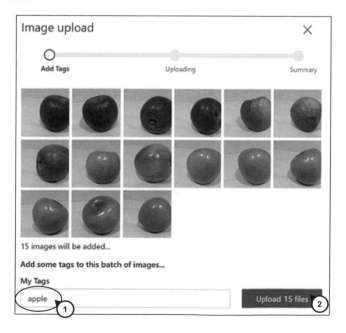

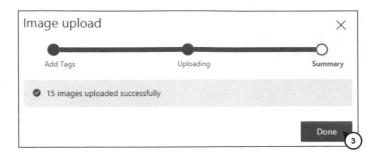

4. 待出現下圖畫面時，點按 ⊞ Add images 鈕，在「開啟」對話方塊，上傳所有香蕉影像，再同理設定「banana」標籤文字。

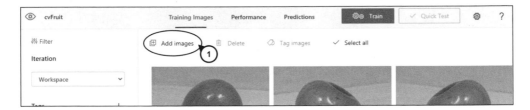

5. 再點按 ⊞ Add images 鈕，上傳所有橘子影像並設「orange」標籤文字。

6. 三種類別共 45 張影像上傳，設定三種標籤的結果如下圖：

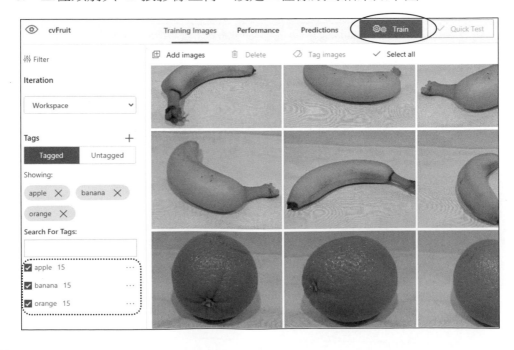

Step 04｀ 定型模型

1.　在上圖的自訂視覺專案中，到上方標籤頁右側處點按 ⚙ Train 鈕來對使用標籤的影像進行分類模型的定型。

2.　接著出現「Choose Training Type」對話方塊，選取 ◉ Quick Training (快速定型) 選項，再點按 Train 鈕。

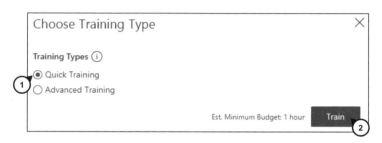

3.　出現下圖畫面時，代表正在定型中，可能會花費一些時間，請耐心等待。

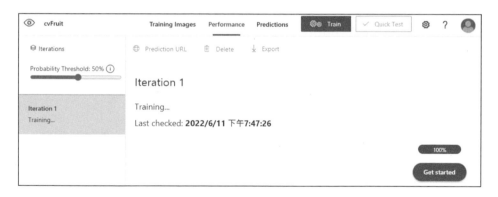

4.　當定型完成後，會顯示模型的「Performance」(效能) 標籤頁，而且右側的 ✓ Quick Test 鈕由無效狀態改成有效狀態。

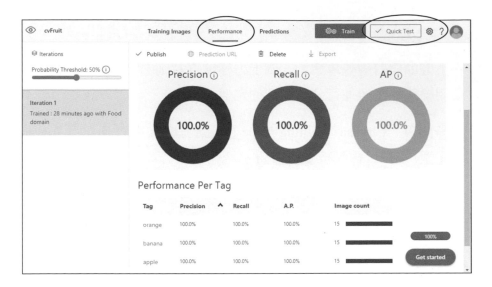

Step 05 預測模型

1. 在上圖中，到上方標籤頁右側處點按 ✓ Quick Test 鈕來進行模型預測。

2. 由出現的畫面中點按 Browse local files 鈕，選取要測試的影像，測試的影像要和定型的影像不同。

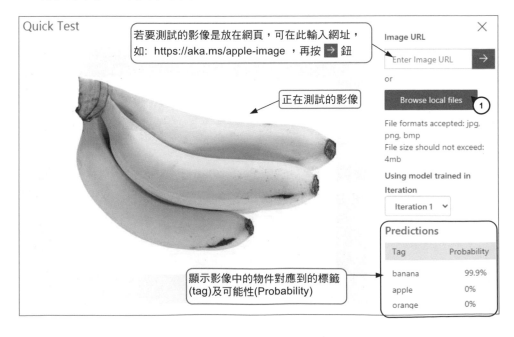

Step **06** 發佈模型

1. 切換到「Performance」標籤頁並按下「Publish」連結按鈕，進行發佈自訂視覺服務。

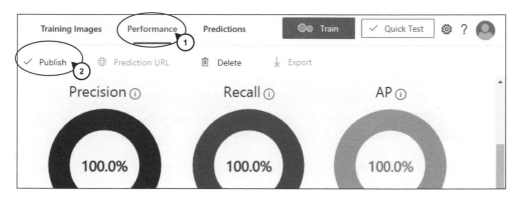

2. 將模型名稱指定為「FruitModel」。

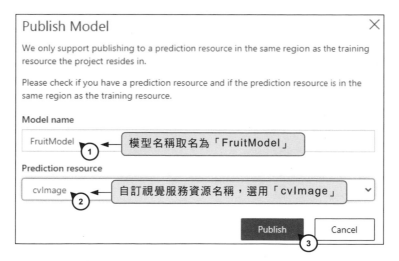

Step **06** 取得服務端點與金鑰

1. 切換到「Performance」標籤頁並按下「Prediction URL」連結按鈕。

2. 開啟如下對話方塊,並由該對話方塊取得服務端點(Url)和金鑰(key),
   此服務端點與金鑰提供「影像網址」和「影像檔案」兩種方式進行偵
   測影像中的物件。請將該服務端點與金鑰先記錄在記事本中。

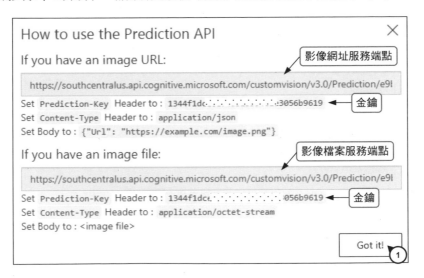

3. 點按 Got it! 鈕,完成服務端點 (Url) 和金鑰 (key) 的取得。

Step 07 登出 Azure 自訂視覺服務網站

5.4 物件偵測

「物件偵測」是一種以機器學習為基礎的電腦視覺技術，其中定型的物件偵測模型，可以使用多個標籤辨識影像中的每一個別物件類型，而且能識別每個物件在影像中的座標位置。以下列影像為例：

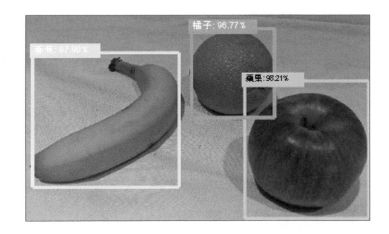

物件偵測模型可識別此影像中的個別物件，並可傳回下列資訊：

❖ 影像中每個可辨識的物件類別「標籤」。

❖ 物件分類的「可信度」。

❖ 每個物件的週框方塊「座標」(left、top、width、height)。

偵測影像中物件是許多應用程式中的重要項目,包括:

1. 檢查建物安全:
   分析建築物內部的消防設施 (如:滅火器) 及緊急設備 (如:監視器的鏡頭)。

2. 檢測腫瘤:
   從 X 光、電腦斷層 (CT) 或核磁共振造影 (MRI) 的醫療影像偵測出腫瘤範圍,確定開刀位置。

3. 駕駛輔助:
   為自動導航的車輛或車道輔助功能的車輛建立軟體,用軟體偵測其他車道是否有車輛或其他東西 (如:行人),以及自動駕駛的車輛是否在自己的車道內。

4. 保護野生動物:
   使用自動監測相機揭露野生動物族群訊息。自動相機能偵測熱源及光影的變化,任何能產生溫度變化或光影變化的物體都可以觸發自動相機,適用長期偵測野生哺乳動物。

5. 自動化結帳:
   購物商店使用物件偵測模型來實作自動化結帳系統。使用相機掃描輸送帶,即可識別客戶所購商品。

5.5 在 Azure 使用物件偵測

「物件偵測」是一種電腦視覺形式,其中機器學習模型定型後,會從影像中分類物件成個別實體,並指出標示其位置的周框方塊。您可以將「物件偵測」視為「影像分類」的進階。

5.5.1　蒐集相關特性的影像群組

　　若自訂視覺服務功能為「物件偵測」，則每個標籤最少要 15 個影像。這些要訓練的影像可以單獨在一張圖片內，而不同標籤的影像也可以同在一張圖片中，即一張圖片可以包含兩個影像以上。現在以由影像中辨識出「立頓原味奶茶」、「乳加巧克力」兩種指定食品為例，說明如何使用 Azure 建立物件偵測解決方案。我們先來蒐集圖片，將分別指定其標籤為「立頓原味奶茶」、「乳加巧克力」，每個標籤最少要有 15 個影像。

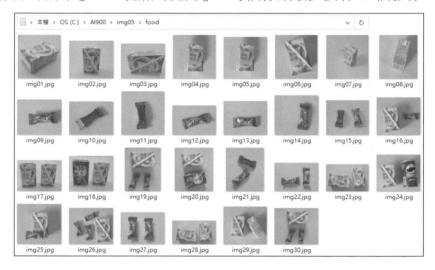

5.5.2　建立物件偵測功能的自訂視覺服務模型

　　微軟提供自訂視覺網址為「https://customvision.ai/」，請依下面步驟建立自訂視覺服務模型。其中畫面若與 5.3.2 節相同者，該畫面不重複顯示。

Step 01　登入 Azure 自訂視覺服務網站

1.　連結到「https://customvision.ai/」自訂視覺服務網站，點按 SIGN IN 鈕登入自訂視覺服務網站。

2.　輸入 Microsoft 帳戶的帳號、密碼登入，接著輸入驗證碼。

Step 02 建立自訂視覺服務專案

1. 在自訂視覺服務網站中點選 ⬚ 「NEW PROJECT」，開啟下圖「Create new project」(建立專案) 視窗。

2. 若是第一次建立自訂視覺服務專案，必須點選「create new」連結建立自訂視覺服務資源 (Resource)。若使用前面 5.3 節所建立服務資源，則請留在「Create new project」視窗，依下圖所示建立資料。

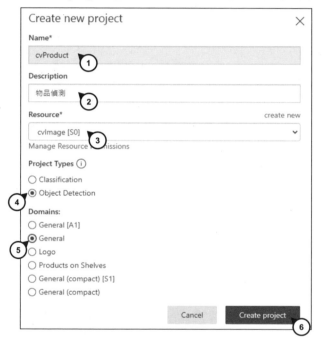

說明

① Name (專案名稱)：取名為「cvProduct」。

② Description (專案描述)：設為「物品偵測」。

③ Resource (資源)：選用之前建立的資源名稱「cvImage[S0]」。

④ Project Types (專案類型)：選用「Object Detection」(物件偵測)。

⑤ Domains (網域)：選用「General」。

3. 然後再按下 Create project 鈕，完成專案的建立。

Step 03 上傳影像群組

1. 若成功建立專案之後,在「Training Images」標籤頁中點選 Add images 鈕。

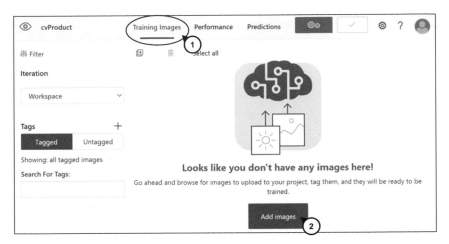

2. 由出現的「開啟」對話方塊,選取到要上傳的影像,點按 開啟(O) 鈕。

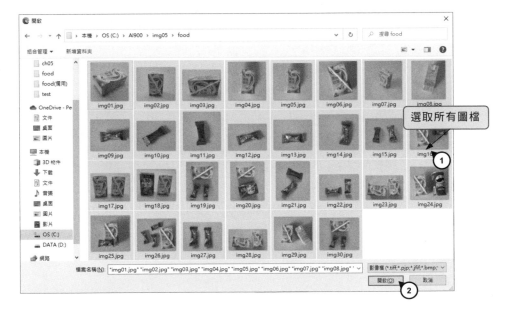

3. 出現「Image upload」對話方塊時，按 `Upload 30 files` 鈕上傳影像。待上傳完畢，再點按 `Done` 鈕。

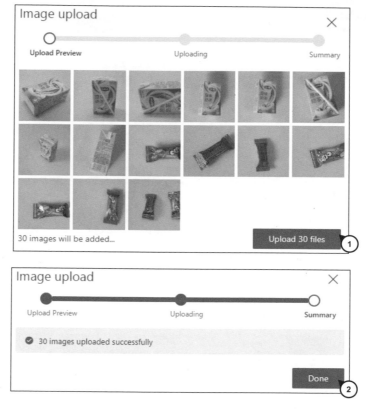

Step 04 設定影像標籤

1. 在上圖的「Training Images」標籤頁中選取 `Untagged` 鈕 (未標記)，會看到所上傳但是還未指定標籤的影像。請點選其中一個影像。

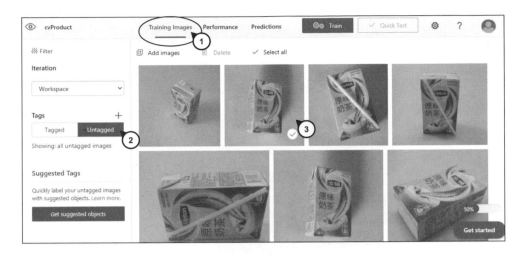

2. 手動為影像中的物件加上標籤，以利偵測器學會辨識物件。在影像中框住欲辨識的物件，並指定標籤名稱。如下圖操作：

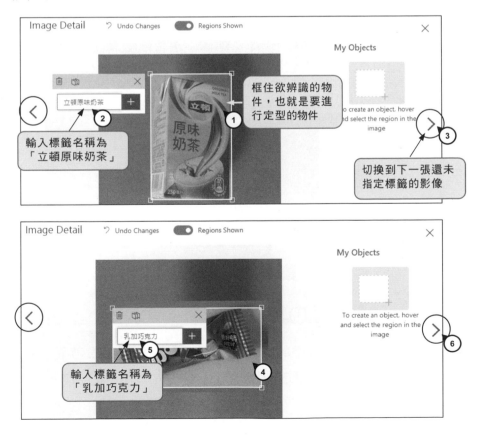

3. 若影像中的標籤已指定過,則可以透過下拉式清單選取現有的標籤名稱。如下圖:

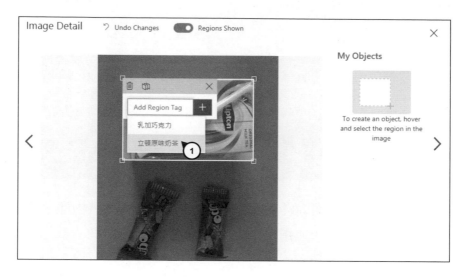

4. 若影像中有多個要辨識的物件,須逐一指定標籤名稱。

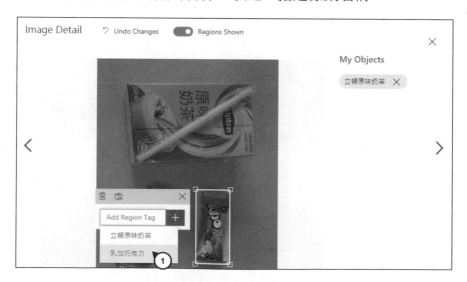

5. 請逐一為其他張影像中的物件,分別建立「立頓原味奶茶」或「乳加巧克力」標籤。若不是這兩物件的其他物品,請不要理會。

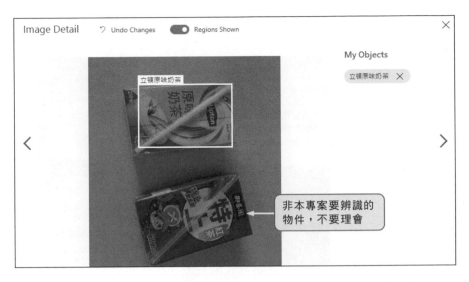

6. 完成所有影像中的「立頓原味奶茶」或「乳加巧克力」標籤。

Step 05 定型模型

1. 回到自訂視覺專案中,點按 `⚙ Train` 鈕來進行模型的定型。

2. 在「Choose Training Type」對話方塊,選取 ⦿ Quick Training 選項,點按 `Train` 鈕。定型會花費一些時間,請耐心等待。

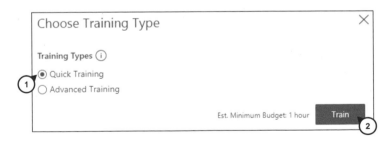

3. 定型完成後,自訂視覺專案會顯示模型的「Performance」標籤頁。

Step 06 預測模型

1. 點按 `✓ Quick Test` 鈕來進行模型預測。

2. 由出現的畫面中點按 Browse local files 鈕，選取要測試的影像，測試的影像要和定型的影像不同。

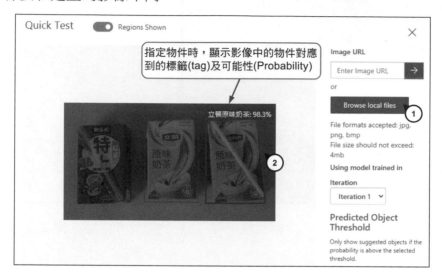

Quick Test　　Regions Shown　　　　　　　　　　　　　✕

指定物件時，顯示影像中的物件對應到的標籤(tag)及可能性(Probability)

立頓原味奶茶: 98.3%

Image URL

Enter Image URL　→

or

Browse local files ①

File formats accepted: jpg, png, bmp
File size should not exceed: 4mb

Using model trained in

Iteration

Iteration 1 ▾

Predicted Object Threshold

Only show suggested objects if the probability is above the selected threshold.

Step 07 ˋ 發佈模型

1. 切換到「Performance」標籤頁並按下「Publish」連結鈕，進行發佈。

2. 將模型名稱取名為「ProductModel」，自訂視覺服務資源名稱選用「cvImage」。

Step 08 ˋ 取得服務端點與金鑰

1. 切換到「Performance」標籤頁並按下「Prediction URL」連結按鈕。

2. 接著開啟如下對話方塊，並由該對話方塊取得服務端點 (Url) 和金鑰 (key)，此服務端點與金鑰提供「影像網址」和「影像檔案」兩種方式進行偵測影像中的物件。請將「影像檔案」方式的服務端點與金鑰先記錄在記事本中。(此處的服務端點與金鑰，會在下節的實作範例中使用到。)

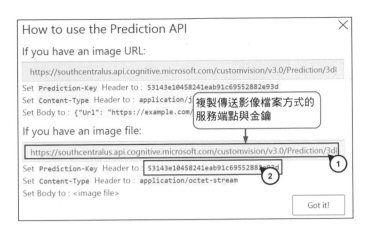

3. 點按 [Got it!] 鈕，完成服務端點 (Url) 和金鑰 (key) 的取得。

Step 09 ˋ 登出 Azure 自訂視覺服務網站。

5.6 自訂視覺範例實作

5.6.1 自訂視覺服務呼叫

上節物件偵測的自訂視覺模型訓練好之後，可使用如下敘述來呼叫。

```
using System.Net.Http.Headers;
using Newtonsoft.Json;                  // 解析 JSON
using Newtonsoft.Json.Linq;             // 格式化 JSON
……
    string apiUrl = "自訂視覺服務端點";
    string apiKey = "自訂視覺服務金鑰";

    //建立 HttpClient 物件 client 並指定自訂視覺服務金鑰
    HttpClient client = new HttpClient();
    client.DefaultRequestHeaders.Add("Prediction-Key", apiKey);

    // 指定本機進行偵測的影像
    FileStream fileStream =
            new FileStream("影像路徑", FileMode.Open, FileAccess.Read);
    BinaryReader binaryReader = new BinaryReader(fileStream);
```

```
byte[] byteData = binaryReader.ReadBytes((int)fileStream.Length);
ByteArrayContent content = new ByteArrayContent(byteData);
content.Headers.ContentType =
        new MediaTypeHeaderValue("application/octet-stream");

// 採 REST API 呼叫並傳送影像
HttpResponseMessage response = await client.PostAsync(apiUrl, content);

// 取得影像偵測結果，將分析結果以 JSON 字串格式傳回
string jsonStr = await response.Content.ReadAsStringAsync();
// 格式化 JSON 並顯示於 richtTextBox1
richTextBox1.Text = JObject.Parse(jsonStr).ToString();
```

5.6.2 自訂視覺範例實作(一)-取得偵測影像 JSON 字串

範例：CustomVision01.sln

使用上節自訂視覺模型。此模型可偵測「立頓原味奶茶」和「乳加巧克力」兩項產品物件，影像偵測的結果會以 JSON 字串進行呈現。

執行結果

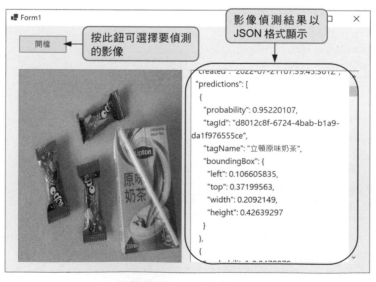

▲ 影像辨識結果以 JSON 顯示

操作步驟

Step 01 建立 Windows Forms 應用程式專案，專案名稱為 CustomVision01。

Step 02 建立表單輸出入介面：

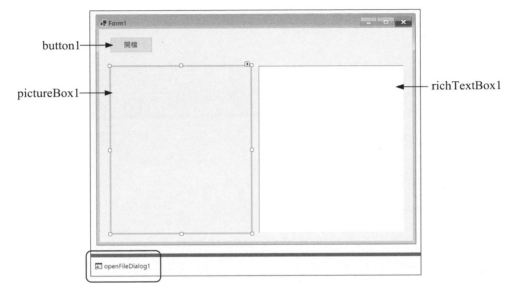

Step 03 安裝 Newtonsoft.Json 套件：

在方案總管視窗的「相依性」按滑鼠右鍵執行【管理 NuGet 套件
(N)】，接著依圖示操作安裝「Newtonsoft.Json」套件。

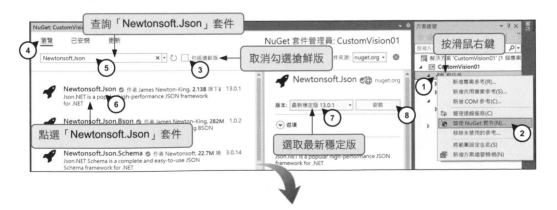

Step **04** 撰寫程式碼

程式碼　FileName:Form1.cs

```csharp
01 using System.Net.Http.Headers;
02 using Newtonsoft.Json;
03 using Newtonsoft.Json.Linq;
04
05 namespace CustomVision01
06 {
07     public partial class Form1 : Form
08     {
09         public Form1()
10         {
11             InitializeComponent();
12         }
13
14         private async void button1_Click(object sender, EventArgs e)
15         {
16             // 選擇圖檔
17             if (openFileDialog1.ShowDialog() == DialogResult.OK)
18             {
19                 try
20                 {
21                     string imgPath = openFileDialog1.FileName;
22                     pictureBox1.Image = new Bitmap(imgPath);
23
24                     string apiUrl = "自訂視覺服務端點";
```

25	string apiKey = "自訂視覺服務金鑰";
26	
27	//建立 HttpClient 物件 client 並指定服務金鑰
28	HttpClient client = new HttpClient();
29	client.DefaultRequestHeaders.Add ("Prediction-Key", apiKey);
30	
31	// 指定本機欲分析的影像
32	FileStream fileStream = new FileStream (imgPath, FileMode.Open, FileAccess.Read);
33	BinaryReader binaryReader = new BinaryReader (fileStream);
34	byte[] byteData = binaryReader.ReadBytes ((int)fileStream.Length);
35	ByteArrayContent content = new ByteArrayContent (byteData);
36	content.Headers.ContentType=new MediaTypeHeaderValue ("application/octet-stream");
37	
38	// 採 REST API 呼叫並傳送影像
39	HttpResponseMessage response=**await** client.PostAsync (apiUrl, content);
40	
41	// 取得結果，結果以 JSON 字串傳回
42	string jsonStr = await response.Content.ReadAsStringAsync();
43	// 格式化 JSON 資料，並將 JSON 顯示於 richTextBox1
44	richTextBox1.Text=JObject.Parse(jsonStr).ToString();
45	}
46	catch (Exception ex)
47	{
48	richTextBox1.Text = ex.Message;
49	}
50	}
51	}
52	}
53	}

🔍 說明

1. 第 24,25 行：自訂視覺服務的金鑰與端點請參考 5.5.2 節。

5.6.3 自訂視覺範例實作(二)-解析偵測影像 JSON 字串

📥 範例：CustomVision02.sln

延續上例，解析自訂視覺偵測物件的 JSON 結果。將偵測到可能性 (Probability) 大於 0.7 的「立頓原味奶茶」和「乳加巧克力」物件顯示出來，同時配合 GDI+ 將影像中符合「立頓原味奶茶」和「乳加巧克力」物件以藍色方框框住。

執行結果

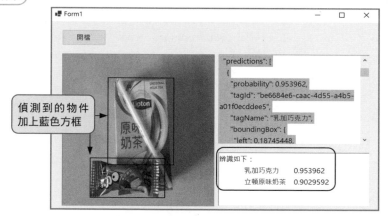

▲ 影像偵測到「立頓原味奶茶」和「乳加巧克力」物件

▲ 影像未偵測到「立頓原味奶茶」和「乳加巧克力」物件

操作步驟

Step 01 定義 JSON 對應的類別檔：

1. 為了方便解析 JSON 的內容，此處將 JSON 轉成類別物件以方便取得偵測物件的可能性 (probability)、標籤名稱 (tagName)、物件座標與寬高 (boundingBox，包含 left、top、width、height 等屬性)。JSON 是由屬性和值所組成，JSON 的屬性一般稱為鍵 (key)，而值 (value) 即是鍵所對應的內容，即對應類別與屬性的關係。因此可仿照左圖 JSON 格式設計成右圖的 Info 類別，之後即可以透過 Info 類別物件取得物件偵測的結果。

```
{
  "id":"0e1904f7-50b7-4758-ab67-
  b497f60e75d5",
  "project":"3d835dae-d15c-4144-adb7-
  5071494b505b",
  "iteration":"5788d57e-88a4-4311-89ef-
  b2f7c872d473",
  "created":"2022-07-21T12:18:30.519Z",
  "predictions":[
    {
      "probability":0.953962,
      "tagId":"be6684e6-caac-4d55-a4b5-
      a01f0ecddee5",
      "tagName":"乳加巧克力",
      "boundingBox":{
        "left":0.18745448,
        "top":0.6601945,
        "width":0.4871421,
        "height":0.2248888
      }
    },
    {
      "probability":0.9029592,
      "tagId":"d8012c8f-6724-4bab-b1a9-
      da1f976555ce",
      "tagName":"立頓原味奶茶",
      "boundingBox":{
        "left":0.3034082,
        "top":0.20513445,
        "width":0.42846185,
        "height":0.49442852
      }
    },
```

```csharp
 7  namespace CustomVision02
 8  {
        2 個參考
 9      public class Info
10      {
            0 個參考
11          public string id { get; set; }
            0 個參考
12          public string project { get; set; }
            0 個參考
13          public string iteration { get; set; }
            0 個參考
14          public string created { get; set; }
            8 個參考
15          public List<Details> predictions { get; set; }
16      }
17
        1 個參考
18      public class Details
19      {
            2 個參考
            public string probability { get; set; }
            0 個參考
21          public string tagId { get; set; }
            1 個參考
22          public string tagName { get; set; }
            4 個參考
23          public Rect boundingBox { get; set; }
24      }
25
        1 個參考
26      public class Rect
27      {
            1 個參考
28          public double left { get; set; }
            1 個參考
29          public double top { get; set; }
            1 個參考
30          public double width { get; set; }
            1 個參考
31          public double height { get; set; }
32      }
33  }
```

▲ JSON 與 Info 類別的屬性對應

2. 延續上例，請執行功能表【專案(P) / 加入類別(F)】指定，接著依
圖示操作新增「Info.cs」類別檔。

3. 撰寫「Info.cs」類別檔程式碼。完整程式碼如下：

程式碼　FileName : Info.cs

```
01 using System;
02 using System.Collections.Generic;
03 using System.Linq;
04 using System.Text;
05 using System.Threading.Tasks;
06
07 namespace CustomVision02
08 {
09     public class Info
10     {
11         public string id { get; set; }
12         public string project { get; set; }
13         public string iteration { get; set; }
14         public string created { get; set; }
15         public List<Details> predictions { get; set; }
16     }
17
18     public class Details
19     {
```

```
20        public string probability { get; set; }
21        public string tagId { get; set; }
22        public string tagName { get; set; }
23        public Rect boundingBox { get; set; }
24    }
25
26    public class Rect
27    {
28        public double left { get; set; }
29        public double top { get; set; }
30        public double width { get; set; }
31        public double height { get; set; }
32    }
33  }
```

Step 02　建立表單輸出入介面，再加上 richTextBox2 多行文字方塊：

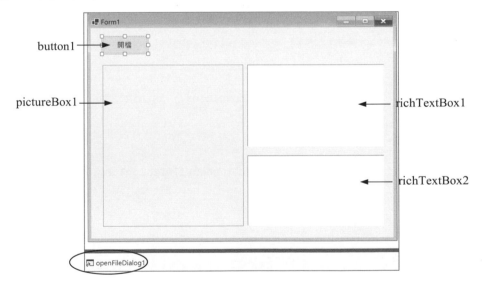

Step 03　撰寫程式碼：

請新增 button1_Click 事件處理函式中灰色底處程式碼。將 JSON 字串轉成 Info 類別物件，透過 Info 物件取得偵測物件的可能性 (probability)、標籤名稱(tagName)、物件座標與寬高(boundingBox， 包含 left、top、width、height 等屬性)。並透過物件座標與寬高，

將影像中偵測到的「立頓原味奶茶」和「乳加巧克力」物件以藍色框框住。

程式碼　FileName:Form1.cs

```
01 using System.Net.Http.Headers;
02 using Newtonsoft.Json;
03 using Newtonsoft.Json.Linq;
04
05 namespace CustomVision02
06 {
07     public partial class Form1 : Form
08     {
09         public Form1()
10         {
11             InitializeComponent();
12         }
13
14         private async void button1_Click(object sender, EventArgs e)
15         {
16             // 選擇圖檔
17             if (openFileDialog1.ShowDialog() == DialogResult.OK)
18             {
19                 try
20                 {
21                     string imgPath = openFileDialog1.FileName;
22                     pictureBox1.Image = new Bitmap(imgPath);
23
......
......
43                     // 格式化 JSON 資料，並將 JSON 顯示於 richTextBox1
44                     richTextBox1.Text=JObject.Parse(jsonStr).ToString();
45
46                     // 重新繪製 pictureBox1 的內容
47                     pictureBox1.Refresh();
48
49                     int intVWidth = pictureBox1.Width;
50                     int intVHeight = pictureBox1.Height;
51
```

```
52              Graphics g = pictureBox1.CreateGraphics();
53              Pen pen = new Pen(Color.Blue, 3);
54              int left, top, width, height;
55
56              Info info =
                    JsonConvert.DeserializeObject<Info>(jsonStr);
57              string str = "辨識如下：\n";
58              for (int i = 0; i < info.predictions.Count; i++)
59              {
60                  if(double.Parse(info.predictions[i].probability)>=0.7)
61                  {
62                      str +=
                $"\t{info.predictions[i].tagName}\t{info.predictions[i].probability}\n";
63                      //找出 pictureBox1 畫矩形的範圍(left,top,width,height)
64                      left = (int)(intVWidth *
                            info.predictions[i].boundingBox.left);
65                      top = (int)(intVHeight *
                            info.predictions[i].boundingBox.top);
66                      width = (int)(intVWidth *
                            info.predictions[i].boundingBox.width);
67                      height = (int)(intVHeight *
                            info.predictions[i].boundingBox.height);
68                      g.DrawRectangle
                            (pen, left, top, width, height);
69                  }
70              }
71              richTextBox2.Text = str;
72          }
73          catch (Exception ex)
74          {
75              richTextBox1.Text = ex.Message;
76          }
77      }
78   }
79  }
80 }
```

5.7 模擬試題

 題目(一)

「在圖像中找到車輛。」是屬哪一種電腦視覺影像分析功能？

① 臉部辨識　② 物件偵測　③ 影像分類　④ 光學字元識別(OCR)

 題目(二)

想使用自訂視覺服務來建立影像分類模型。但所建立的資源只用於模型定型，而不用於預測。則在 Azure 訂用帳戶中應建立哪種資源？

① 自訂視覺　② 認知服務　③ 電腦視覺　④ 影像分割

 題目(三)

判斷影像中汽車位置，並估計車與車之間的距離。應該使用哪種電腦視覺類型？

① 臉部偵測　② 物件偵測　③ 影像分類　④ 光學字元辨識(OCR)

 題目(四)

您所定型影像分類模型未能達到滿意的評估衡量標準。如何加以改善？

① 縮小用來定型模型的影像大小

② 新增「不明」類別的標籤

③ 將更多影像新增至定型集

④ 以上皆是

 題目(五)

傳回指示影像中車輛位置的邊界框是關於以下哪方面的範例？

① 影像分類　② 物件偵測　③ 語意分割　④ 光學字元識別(OCR)

題目(六)

若您已發佈影像分類模型，則須為想要使用的開發人員提供哪些資訊？

① 僅專案識別碼

② 專案識別碼、模型名稱，以及預測資源的金鑰和端點

③ 專案識別碼、反覆項目編號、以及定型資源的金鑰和端點

④ 原始程式碼

題目(七)

您將一個圖像發送到電腦視覺 API，並接收以下帶註釋的圖像。您使用的是哪種類型的電腦視覺？

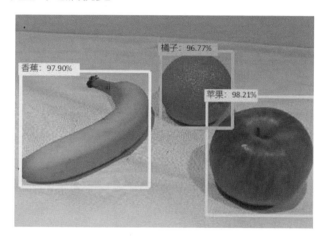

① 物件偵測　② 語意分割　③ 光學字元識別(OCR)　④ 影像分類

題目(八)

物件偵測模型可識別此影像中的個別物件，並可傳回下列資訊？

① 影像的類別標籤

② 週框坐標，指示圖像包含的所有物件所在的圖像區域

③ 影像中每個物件的類別標籤、可信度和週框方塊

④ 以上皆是

探索電腦視覺 (四) 臉部服務

6.1 臉部服務簡介

「臉部服務」也是近幾年非常火紅的 AI 議題之一，Microsoft 推出的 Azure Face API 臉部服務是一項電腦視覺服務，可以提供演算法來偵測、分析和辨識影像中的人臉。「臉部服務」的功能大致分成兩大部分。第一部份是針對單一臉部做偵測，可以得知這些臉部的相關資訊，例如年齡、性別、是否配戴眼鏡…等，甚至可以偵測表情的部分，也可以進行多人的臉部分析，如：偵測出影像中有多少張臉。第二部份驗證影像中的兩個人臉是否為同一人，也可以分析人臉的相似性。

若想要使用臉部辨識找出被指定的人，必須先使用「臉部服務」來建立群組，包含每個被指定個人的多張影像，並根據此群組來定型臉部辨識模型。「臉部服務」使用「臉部偵測」和「臉部分組」技術，可以識別及組織朋友和家人的相片。其中「臉部偵測」技術可將影像中的臉部與其他物件區分開來。而「臉部分組」技術則能識別您個人集錦中，多張相片或多部影片中的類似臉部，並將其組成「群組」。

臉部是透過使用統計演算法進行預測，結果可能會有所偏失不一定正確。所以在輸入影像時，請注意下列情況：

1. 輸入的影像格式包括 JPEG、PNG、GIF (第一個畫面格)、BMP。

2. 影像的檔案大小不可大於 6 MB。

3. 可偵測的臉部大小下限是 36 x 36 像素，上限為 4096 x 4096 像素。

4. 臉部為正面或接近正面時會取得最佳結果。

5. 因技術問題而無法辨識的臉部影像，如：眼睛被擋住、臉型或髮型改變、嚴重的背光、臉部外觀隨年齡的變化、極端臉部表情或臉部角度、頭部動作太大。

6.2 臉部偵測

一. 臉部矩形

　　影像中的臉部被偵測到，都會對應至 faceRectangle 物件的座標 Left (左)、Top(上)、Width(寬度)、Height(高度) 的屬性。使用這些座標，可以繪出臉部週框方塊的位置和大小。在 API 回應中，偵測一或多張人臉的分部位置，其臉部週框方塊會依矩形面積最大到最小的順序列出。使用人臉數目以及臉部矩形週框方塊的座標，可用來尋找、裁剪或模糊處理。

　　⊙ 偵測一或多張的人臉，臉部週框會依矩形面積由大到小的順序列出，並可取得每一張臉部矩形方塊的座標位置(圖片取自 Microsoft 技術文件網站)

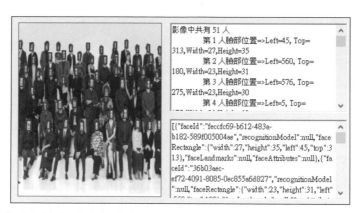

影像中共有 51 人
　　第 1 人臉部位置=>Left=45, Top=313,Width=27,Height=35
　　第 2 人臉部位置=>Left=560, Top=180,Width=23,Height=31
　　第 3 人臉部位置=>Left=576, Top=275,Width=23,Height=30
　　第 4 人臉部位置=>Left=5, Top=

[{"faceId":"feccfc69-b612-483a-b182-589f005004ae","recognitionModel":null,"faceRectangle":{"width":27,"height":35,"left":45,"top":313},"faceLandmarks":null,"faceAttributes":null},{"faceId":"36b03aec-ef72-4091-8085-0ec855a6d827","recognitionModel":null,"faceRectangle":{"width":23,"height":31,"left"

⊙ 偵測出影像中有多少張臉，及每一張臉部矩形週框的座標和大小

二. 臉部驗證

臉部驗證可用來檢查不同影像中的兩張臉，屬於同一個人的可能性。其程式的做法就是先取得兩張臉部的臉部識別碼 FaceId。FaceId 是在影像中偵測到每個臉部的唯一識別字串，像是臉部的身分證，Face API 會產生一組獨一無二的編碼，作為識別這張臉的數位簽章。

三. 相似性

相似度分數是比對兩張影像中的兩張臉是同一個人的可能性。例如：接收到 90% 相似性分數的影像，表示該影像與被搜尋的臉部具有 90% 的相似性。相似性分數越高意味著兩個影像屬於同一身份的可能性越大。

⊙ 兩張影像的人臉相似度 97%，表示為同一個人的可能性極高
（圖片取自 https://ai.baidu.com/tech/face/compare 網站）

Ⓐ 兩張影像的人臉相似度 35%，表示為同一個人的可能性極低
(圖片取自 https://ai.baidu.com/tech/face/compare 網站)

6.3 臉部分析

臉部偵測是最基礎的 Face API，臉部偵測除了可尋找影像中的人臉，亦可分析不同類型的臉部相關屬性資料；例如：性別、年齡、頭部姿勢、笑容程度、表情、是否配戴眼鏡或化妝等。

一. 臉部特徵點

臉部特徵點通常是勾勒臉部器官輪廓的位置點，臉部器官如：眼角、瞳孔、嘴巴、鼻子…。Face API 中 FaceClient 物件的 Detection03 模型提供 27 個臉部特徵點偵測，點的座標單位為「像素」。

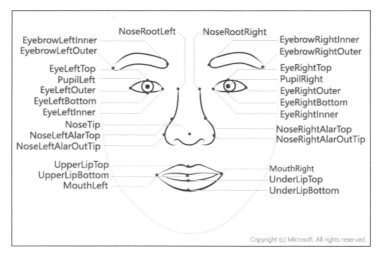

⊙ 27 個臉部特徵點(圖片取自 Microsoft 技術文件網站)

 程式可指定臉部偵測模型參數 DetectionModel，此參數目前可使用 DetectionModel.Detection01、DetectionModel.Detection02、DetectionModel.Detection03。

● DetectionModel.Detection01 可偵測臉部屬性，例如：性別、年齡、頭部姿勢、笑容程度、表情、是否配戴眼鏡、化妝或臉部特徵點等；但若較小臉部、側面或模糊臉部則無法偵測。

● DetectionModel.Detection02 可偵測到側面、模糊或較小臉部位置。

● DetectionModel.Detection03 可偵測較小臉部(64x64 像素)、旋轉臉部方向位置、口罩、頭部姿勢屬性與臉部特徵點。

二. 屬性

透過 Face API 可偵測影像臉部的屬性，在程式中使 DetectionModel. Detection01 偵測模型和 FaceAttributes 類別可以偵測下列屬性：

1. Accessories (配件)：

臉部是否有配件。包含(帽子、髮圈、眼鏡和口罩…)，其中每個配件的屬性值(信度分數)為 0.0 到 1.0。

2. Age (年紀)：

年齡猜測。臉部的預估年齡，屬性值以年為單位。

3. Blur (模糊)：

臉部模糊程度。屬性值介於 0.0～1.0，程度的評等有：Low(弱)、Medium(中)、High(強)。

4. Emotion (情緒強度)：

臉部的表情清單，以及各表情的偵測信度 0.0～1.0。表情清單有：Anger(生氣)、Contempt(藐視)、Disgust(厭惡)、Fear(恐懼)、Happiness(快樂)、Neutral(中性)、Sadness(悲傷)、Surprise(驚喜)。

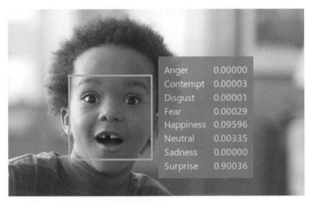

▲ 分析出臉部的表情及各表情的信度(圖片取自 www.quytech.com 網站)

5. Exposure (曝光)：

臉部的曝光程度。屬性值介於 0.0～1.0，程度有： underExposure (不足)、goodExposure (良好)、overExposure (過曝) 評等。僅適用於影像臉部，而不是整張影像的曝光。

6. FacialHair (臉部毛髮)：

臉部毛髮顯示鬍鬚的情形。屬性有：Beard (山羊鬍)、Moustache (八字鬍)、Sideburns (鬢角)。

7. Gender (性別)：

臉部的性別，屬性值有：male (男性)、female (女性) 和 genderless (無性別)。

⊙ 偵測臉部分析出性別及年齡(圖片取自 Microsoft 技術文件網站)

8. Glasses (眼鏡種類)：

臉部是否有戴眼鏡。屬性值有：noGlasses (未戴)、readingGlasses (閱讀眼鏡)、sunGlasses (太陽眼鏡)、swimmingGlasses (泳鏡)。

9. Hair (頭髮)：

臉部的頭髮類型和髮色。屬性有：Bald (是否偵測到禿頂)、HairColor (髮色為何)、Invisible (顯示頭髮是否可見)。

10.Makeup (化妝)：

臉部是否有化妝。屬性有：EyeMakeup (眼妝)、LipMakeup (口紅)。

11.Mask (口罩)：

臉部是否佩戴口罩。屬性有：NoseAndMouthCovered (是否覆蓋鼻子和嘴)、Type (口罩類型)。

12.HeadPose (頭部姿勢)：

臉部在 3D 空間中的方向。臉部的三維空間方向是依順序按翻滾、偏擺和俯仰角度進行預估，以度為單位，每個角度的範圍是從 -180 度到 180 度。

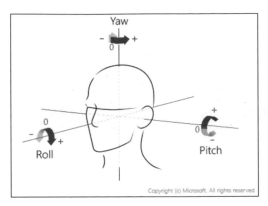

▲ (圖片取自 Microsoft 技術文件網站)

13. Noise (雜訊)：

臉部影像中偵測到的視覺雜訊多寡。屬性值介於 0.0 ~ 1.0，程度的評等有：Low(弱)、Medium(中)、High(強)。如果相片是暗景拍攝設定高 ISO，就會在影像中看到這種雜訊，影像看起來有顆粒狀或是小點點，很不清楚。

14. Occlusion (遮蔽)：

判斷是否有物件擋住影像中的臉部。屬性有：EyeOccluded (眼睛被遮)、ForeheadOccluded (頭部被遮)、MouthOccluded (嘴巴被遮)。

15. QualityForRecognition (品質識別)：

偵測中使用的影像，設定識別品質。屬性值有 (低、中或高) 評等。建議人員註冊時使用高品質影像，在識別案例中使用中品質以上。

16. Smile (微笑程度)：

影像中人物臉部的微笑表情。屬性值介於 0.0 (沒有微笑) ~ 1.0 (明顯的微笑)。

6.4 臉部辨識

「臉部辨識」或「臉部識別」又稱「人臉辨識」(Facial Recognition)，是生物辨識技術的一種。

一. 人臉辨識原理

生物辨識技術有指紋辨識、虹膜辨識、聲音辨識、人臉辨識。其中人臉辨識的運作原理，係利用人臉五官輪廓的距離、角度，來建立 3D 結構模型，以向量方式擷取臉部特徵點偵測值，進行身分辨識。

與其它生物辨識技術相比較，人臉辨識有許多優點，如：

- ❖ 屬非接觸式的辨識，不會有衛生問題。
- ❖ 簡單方便，只要有攝影機或照相機即可。
- ❖ 擷取的資訊無須再經由其它儀器轉換，可直接採用速度快。
- ❖ 辨識時無法以照片取代人臉作假。
- ❖ 不會受帽子、眼鏡、鬍鬚…等其它物件嚴重影響。
- ❖ 直接擷取影像，不需要強制辨識者配合。

二. 人臉辨識技術的主要功能

人臉辨識可將影像中一張臉部，與資料庫群組中的一組臉部進行「一對多」比對，根據其臉部資料與查詢臉部的相符程度傳回相符的項目。

1. 身分認證
   使用生物辨識技術對人員進行辨識，可以依據其身分所屬類別套用特定的規則。例如：VIP 會員、員工、學生、社區居民、大樓各樓層住戶、拒絕往來人員。

2. 存取授權

有些場所會針對進入的人員進行人臉辨識，比對預先建立的資料庫，再決定辨識人員是否有存取授權。例如：無人服務的商店領取物品、ATM 提取現金、存取藥物的智慧藥櫃、僅允許操作人員可作業的機械儀器控制室。

3. 顧客分析

借助人臉辨識，零售商店能讀取店內攝影機的顧客即時資訊，如：顧客的市場調查 (性別、年齡區段)、滿意度 (表情、行為)、人流分析 (總造訪次數、不重複訪客數、尖峰時段)…等資訊。提供您洞察顧客購物心理，開發產品加強顧客的體驗方式，增進精準行銷機會。

4. 辨識名人

臉部分析的進一步應用是定型機器學習模型，從臉部特徵找出已知的名人，甚至是已建檔的個人。臉部辨識想要識別的個人，需要多張影像來訓練模型，使其能在未經定型的新影像中偵測到這些人。

⬆ 辨識名人(圖片取自 Microsoft 技術文件網站)

5. 健康管理

在疫情期間，若人員進入建築物或餐廳之前，要先確定人員有正確配戴口罩，並偵測體溫確定沒有發燒。

三. 人臉辨識技術的應用舉例

因為疫情助攻，非接觸商機需求興起，應用面廣泛。在零接觸的時代，人臉辨識技術有了巨大躍進，全球產值在 2017 年的市值為 38.5 億美元，從 2020 年起每年以 17.2% 的速度強勁成長，預估到 2025 年將達 85 億美元 (台幣 2363 億元)。隨著人臉辨識技術的不斷進步，人類生活的許多應用都有涉獵此一技術。

1. 出勤管理系統

   當出勤人員到達工作場所時，在入口處便受到攝影機的鏡頭偵測，其測到的影像資訊由電腦傳至後端的出勤管理系統，經由伺服器 API 或資料庫的人臉辨識，依人臉驗證結果立即傳出是否可開門的決策。此種出勤管理系統適用於情治單位、軍事要地、廠房排班門禁、實驗室、研究室、金融機關、開刀房、展覽館、居家門禁 …。

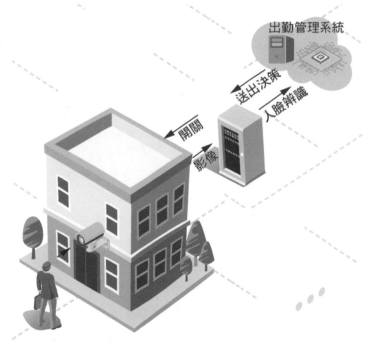

🔺 人臉辨識技術應用於出勤管理系統

2. 大樓安全監控系統

    當大樓住戶返家時,從停車場、搭電梯到住戶門口的走廊皆有攝影機進行人臉追蹤。進入電梯時會人臉辨識,監控系統會決定該住戶可到達的樓層,出電梯,到住戶門口或公設空間門口接受人臉辨識。此種大樓安全監控系統適用於住戶大樓、飯店管理、會員制的健身房…。

    ⊙ 人臉辨識技術應用於大樓安全監控系統

3. 人臉登入系統

    設備或資訊的登入方式,可建置安全性的人臉辨識技術應用式。在設備管理上可以登入自動化,降低管理成本。在資訊安全上可讓個人資料更有保障。早期的做法是使用帳號、密碼、提款卡、會員卡、員工證…,但這些登入的方式都有風險,其帳號、密碼可能被破解,卡、證可能被竊取。此種人臉登入系統適用於手機、電腦、遠端伺服器、

人臉支付、精密儀器操作、櫃員機、信用卡使用、提款卡使用、入場門票 …。

4. 智慧監視駕駛臉部系統

在主要道路上的交通事故有 20% 與駕駛人睡眠有關。如果能在車上安裝監視駕駛臉部系統，可以判斷駕駛是在看路、查看行動裝置，還是有疲勞的跡象。透過系統閱讀臉部細微表情，評估眼球活動，適時在駕駛員疲勞時加以警示，提醒昏昏欲睡的司機。

5. 智慧零售系統

智慧零售商店內的天花板到處設有攝錄影系統，配合人工智慧機器演算法，從顧客進入店內開始，攝影機便動線追蹤顧客移動的路線，電腦統計顧客瀏覽的商品及駐留和觀看時間。顧客只要拿起某項商品，便會自動加入虛擬購物車，若顧客將商品放回架上，虛擬購物車自動刪除該商品。最後當顧客選購完畢，只需直接走出店門口，就會自動從會員帳戶中扣除消費金額。而商店的服務人員只負責補貨，讓架上的商品保持不會缺貨的狀態。零售業者也可於店內安裝註冊裝置，讓顧客註冊臉部並輸入帳戶資料使成為會員。

6. AI 智慧長期照護

AI 智慧長期照護，能夠大幅降低人力需求，減少經營風險，並提升管理效能與照護品質。其中智慧人臉辨識系統能夠辨識並記錄所有進出人員，替日照長輩簽到。工作人員的打卡自動產生、定位巡房紀錄，將照護機構的人力資源做最有效的運用。而影像辨識系統可以進行全面性、高風險區域性的跌倒監控，事故即時警示，有效縮短照服人員反應時間。達到管理無死角、照護零時差。

(圖片取自 https://www.youtube.com/watch?v=o-Y79Lh_QbQ 網站)

7. 人臉辨識尋人系統

無人機從人群中拍攝人臉影像或街頭攝影機錄影影像，可將資訊傳送至人臉辨識系統，比對儲存在資料庫內所指定的人臉影像，可即時列出要找尋人物。例如：從人群中找尋 VIP 名單人物、通緝犯、黑名單人物、失蹤人口⋯。

(圖片取自中時電子報)

6.5　臉部服務開發實作

6.5.1　臉部服務開發步驟

如下是使用 Face API 進行臉部分析服務的步驟，完整實作可參閱 FaceApi01 範例。

Step 01　前往 Azure 申請 Face API 臉部服務的金鑰 (Key) 與端點 (Url)。

Step 02　專案安裝 Microsoft.Azure.CognitiveServices.Vision.Face 臉部服務套件。

Step 03　建立 FaceClient 臉部類別物件 faceClient，並指定臉部服務的金鑰與端點，接著執行 Face.DetectWithStreamAsync()方法傳回 IList <DetectedFace>泛型物件 detectedFaces。寫法如下：

```
//建立 FaceClient 類別物件 faceClient，同時指定服務金鑰
FaceClient faceClient = new FaceClient(
    new ApiKeyServiceClientCredentials("臉部服務金鑰"),
    new System.Net.Http.DelegatingHandler[] { });

// faceClient 物件指定臉部服務端點(位址)
faceClient.Endpoint = "臉部服務端點";

// 宣告 DetectedFace 泛型介面物件 detectedFaces
IList<DetectedFace> detectedFaces = null;

detectedFaces = await faceClient.Face.DetectWithStreamAsync(影像檔案串流,
    detectionModel: 偵測模型,
    recognitionModel: 識別模型,
    returnFaceAttributes: 臉部屬性);
```

Step 04　detectedFaces 代表多個臉部集合物件，可透過此物件取得臉部的 FaceId、臉部位置、性別、年齡、表情 … 等臉部屬性。

6.5.2 臉部偵測範例實作

📥 **範例：FaceApi01.sln**

程式執行時按下 臉部偵測 鈕，開啟「開檔」對話方塊並指定所要分析影像圖檔。接著會將取得影像中人數 (以臉部數量統計)，以及臉部在影像中的位置，即使載著口罩也可以偵測到臉部。

執行結果

⏶ 取得影像中的人數和臉部位置(一)

⏶ 取得影像中的人數和臉部位置(二)

操作步驟

Step 01 連上 Azure 雲端平台取得 Face API 臉部服務的金鑰 (Key) 和端點 (Url)：

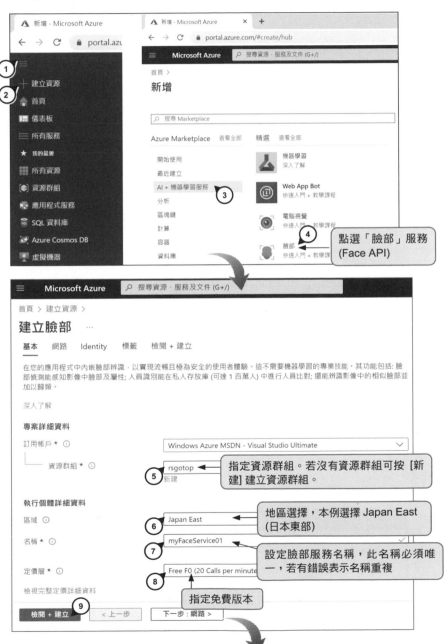

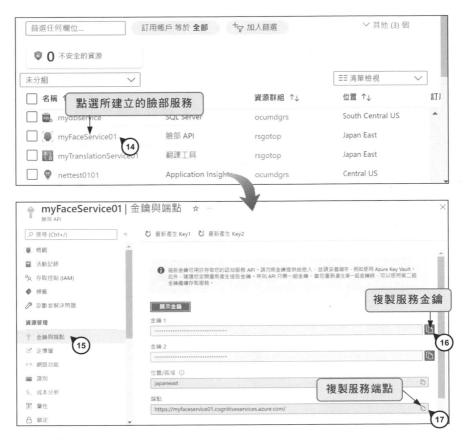

使用 🗐 鈕將其中一組服務金鑰和端點複製到記事本文字檔內，此金鑰和端點在撰寫程式時需要使用。

Step 02 建立表單輸出入介面：

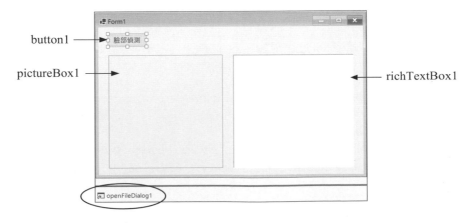

Step 03 安裝 Face API 臉部服務套件：

在方案總管視窗的「相依性」按滑鼠右鍵執行【管理 NuGet 套件 (N)】，接著依圖示操作安裝「Microsoft.Azure.CognitiveServices. Vision.Face」套件。(Microsoft.Azure.CognitiveServices.Vision.Face 在本書完稿時最新搶鮮版為 2.8.0，本章範例程式在最新搶鮮版 2.6.0 ~2.8.0 版皆可正常執行)。

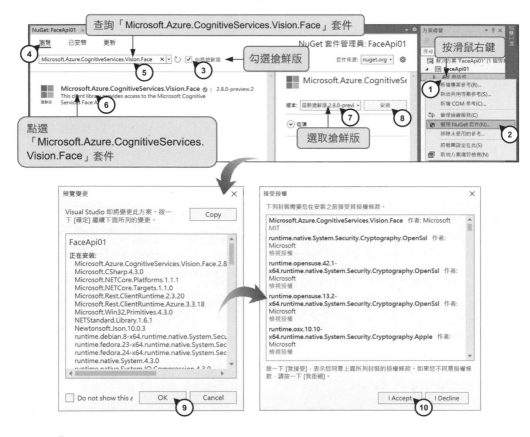

Step 04 撰寫程式碼

程式碼 FileName:Form1.cs

```
01 using Microsoft.Azure.CognitiveServices.Vision.Face;
02 using Microsoft.Azure.CognitiveServices.Vision.Face.Models;
03
```

```
04 namespace FaceApi01
05 {
06     public partial class Form1 : Form
07     {
08         public Form1()
09         {
10             InitializeComponent();
11         }
12
13         private async void button1_Click(object sender, EventArgs e)
14         {
15             if (openFileDialog1.ShowDialog() == DialogResult.OK)
16             {
17                 try
18                 {
19                     // 指定 Face API 臉部分析服務的金鑰與服務端點
20                     string apiUrl, apiKey, imgPath;
21                     apiUrl = "臉部分析服務端點";
22                     apiKey = "臉部分析服務金鑰";
23
24                     //將開檔對話方塊的圖檔路徑指定給 imgPath
25                     imgPath = openFileDialog1.FileName;
26
27                     //使用 FileStream 物件 fs 開啟圖檔
28                     FileStream fs = File.OpenRead(imgPath);
29
30                     //建立 FaceClient 物件，同時指定服務金鑰
31                     FaceClient faceClient = new FaceClient(
                          new ApiKeyServiceClientCredentials(apiKey),
                          new System.Net.Http.DelegatingHandler[] { });
32
33                     //FaceClient 物件指定臉部服務位址
34                     faceClient.Endpoint = apiUrl;
35
36                     // 宣告 DetectedFace 物件泛型介面物件
37                     IList<DetectedFace> detectedFaces = null;
38
39                     // 臉部偵測模型採用 Detection03，只能提供臉部偵測位置與 FaceId
```

40	detectedFaces = **await** faceClient.Face.DetectWithStreamAsync(fs, detectionModel: DetectionModel.Detection03, recognitionModel: RecognitionModel.Recognition04);
41	if (detectedFaces == null)
42	{
43	richTextBox1.Text = "臉部偵測失敗，請重新指定圖檔";
44	return;
45	}
46	
47	//將圖片中人臉的位置指定給 str
48	string str=$"影像中共有 {detectedFaces.Count()} 人\n";
49	for (int i = 0; i < detectedFaces.Count(); i++)
50	{
51	str += $"\t 第 {i + 1} 人臉部位置=>" + $"Left={detectedFaces[i].FaceRectangle.Left}, " + $"Top={detectedFaces[i].FaceRectangle.Top}," + $"Width={detectedFaces[i].FaceRectangle.Width}," + $"Height={detectedFaces[i].FaceRectangle.Height}\n";
52	}
53	// 將圖片分析結果顯示於 richTextBox1
54	richTextBox1.Text = str;
55	//pictureBox1 顯示指定的圖片
56	pictureBox1.Image = new Bitmap(imgPath);
57	//釋放影像串流資源
58	fs.Close();
59	fs.Dispose();
60	}
61	catch (Exception ex)
62	{
63	richTextBox1.Text = ex.Message;
64	}
65	}
66	}
67	}
68	}

🔾說明

1. 第 1-2 行：引用臉部服務套件相關命名空間。

2. 第 21,22 行：請填入自行申請的臉部服務的金鑰與端點。(操作步驟參閱本例 Step01)

3. 第 31,34 行：建立 FaceClient 類別物件 faceClient，同時指定臉部服務的金鑰與端點給 faceClient。

4. 第 37,40 行：執行 faceClient.Face.DetectWithStreamAsync()方法建立 IList<DetectedFace> 泛型介面物件 detectedFaces，此物件存放影像中所有臉部資訊。臉部偵測模型指定 DetectionModel.Detection03，可提升臉部偵測精確度，包含較小的臉部 (64 x 64 像素) 以及旋轉臉部方向；但此模型無法取得臉部屬性，例如臉部表情、年齡、化妝、性別…等。臉部識別模型可使用目前最精確 RecognitionModel.Recognition04 模型。

5. 第 13,40 行：執行第 40 行 faceClient 的 Face.DetectWithStreamAsync()為非同步方法，故呼叫時必須加上 await 關鍵字，所以第 13 行 button1_Click()事件處理函式要定義為 async。

6. 第 48-54 行：將影像中人數和所有臉部位置顯示於 richTextBox1。

6.5.3 臉部屬性分析實作

⬇ 範例：FaceApi02.sln

程式執行時按下 臉部分析 鈕，開啟「開檔」對話方塊並指定所要分析影像圖檔。接著影像中所有的臉部屬性，包含性別、年齡、唇妝、配戴眼鏡，以及快樂、驚喜、生氣、悲傷 … 等表情信度分數，顯示於多行文字方塊內。

執行結果

▲ 取得影像中所有人的臉部屬性

操作步驟

Step 01 連上 Azure 雲端平台取得 Face API 臉部服務的金鑰 (Key) 和端點 (Url)。(操作過程請參考 6.5.2 節範例 Step01)

臉部服務提供兩組金鑰和一個端點。請將其中一組金鑰和端點複製到記事本文字檔內，在撰寫程式時需要使用。

Step 02 建立表單輸出入介面：

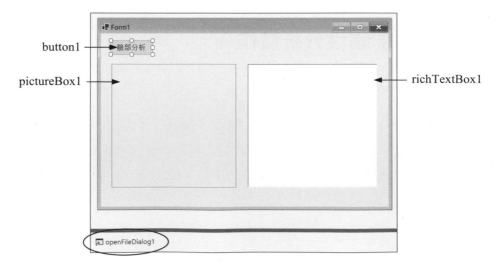

Step 03 安裝 Face API 臉部服務套件：

在專案中安裝「Microsoft.Azure.CognitiveServices.Vision.Face」套件，套件版本請選擇「最新搶鮮版 2.8.0」。(操作過程請參考 6.5.2 節範例 Step03)

Step 04 撰寫程式碼

程式碼 FileName:Form1.cs

```
01 using Microsoft.Azure.CognitiveServices.Vision.Face;
02 using Microsoft.Azure.CognitiveServices.Vision.Face.Models;
03
04 namespace FaceApi02
05 {
06     public partial class Form1 : Form
07     {
08         public Form1()
09         {
10             InitializeComponent();
11         }
12
13         private async void button1_Click(object sender, EventArgs e)
14         {
15             if (openFileDialog1.ShowDialog() == DialogResult.OK)
16             {
17                 try
18                 {
19                     // 指定 Face API 臉部辨識服務的金鑰與服務端點
20                     string apiUrl, apiKey, imgPath;
21                     apiUrl = "臉部服務端點";
22                     apiKey = "臉部服務金鑰";
23
24                     //將開檔對話方塊的圖檔路徑指定給 imgPath
25                     imgPath = openFileDialog1.FileName;
26
27                     //使用 FileStream 物件 fs 開啟圖檔
28                     FileStream fs = File.OpenRead(imgPath);
29
```

30	//建立 FaceClient 物件，同時指定服務金鑰

31	`FaceClient faceClient = new FaceClient(`
	 `    new ApiKeyServiceClientCredentials(apiKey),`
	 `    new System.Net.Http.DelegatingHandler[] { });`

32	
33	//FaceClient 物件指定臉部服務位址
34	`faceClient.Endpoint = apiUrl;`
35	
36	// 宣告 DetectedFace 物件泛型介面
37	`IList<DetectedFace> detectedFaces = null;`
38	
39	// 指定 faceAttributeTypes 要傳回的臉部屬性

40	`IList<FaceAttributeType> faceAttributeTypes =`
	 `    new List<FaceAttributeType> {`
	 `    FaceAttributeType.Accessories,` //配件
	 `    FaceAttributeType.Age,` //年齡
	 `    FaceAttributeType.Emotion,` //表情
	 `    FaceAttributeType.FacialHair,` //臉部毛髮
	 `    FaceAttributeType.Gender,` //性別
	 `    FaceAttributeType.Glasses,` //眼鏡
	 `    FaceAttributeType.Hair,` //頭髮
	 `    FaceAttributeType.HeadPose,` //頭部姿勢
	 `    FaceAttributeType.Makeup,` //化妝
	 `    FaceAttributeType.Occlusion,` //咬合
	 `    FaceAttributeType.Smile` //微笑
	 `    };`

41	// 臉部偵測模型採用 Detection01，可取得臉部屬性

42	`detectedFaces =`
	 `    await faceClient.Face.DetectWithStreamAsync(fs,`
	 `    detectionModel: DetectionModel.Detection01,`
	 `    recognitionModel: RecognitionModel.Recognition04,`
	 `    returnFaceAttributes: faceAttributeTypes);`

43	`if (detectedFaces == null)`
44	`{`
45	`    richTextBox1.Text = "臉部偵測失敗，請重新指定圖檔";`
46	`    return;`
47	`}`
48	
49	//將圖片中臉部分析的結果指定給 str
50	`string str=$"影像中共有 {detectedFaces.Count()} 人\n";`
51	`for (int i = 0; i < detectedFaces.Count(); i++)`
52	`{`

53	`str += $"第 {i + 1} 人臉部資訊=>\n" +`
	`$"\t 性別:{detectedFaces[i].FaceAttributes.Gender}\n" +`
	`$"\t 年齡:{detectedFaces[i].FaceAttributes.Age}\n" +`
	`$"\t 唇妝:{detectedFaces[i].FaceAttributes.Makeup.LipMakeup}\n" +`
	`$"\t 配載眼鏡:{detectedFaces[i].FaceAttributes.Glasses}\n" +`
	`$"\t 快樂程度:{detectedFaces[i].FaceAttributes.Emotion.Happiness}\n" +`
	`$"\t 驚喜程度:{detectedFaces[i].FaceAttributes.Emotion.Surprise}\n" +`
	`$"\t 生氣程度:{detectedFaces[i].FaceAttributes.Emotion.Anger}\n" +`
	`$"\t 悲傷程度:{detectedFaces[i].FaceAttributes.Emotion.Sadness}\n";`
54	`}`
55	`// 將圖片分析結果顯示於 richTextBox1`
56	`richTextBox1.Text = str;`
57	`//pictureBox1 顯示指定的圖片`
58	`pictureBox1.Image = new Bitmap(imgPath);`
59	`//釋放影像串流資源`
60	`fs.Close();`
61	`fs.Dispose();`
62	`}`
63	`catch (Exception ex)`
64	`{`
65	`richTextBox1.Text = ex.Message;`
66	`}`
67	`}`
68	`}`
69	`}`
70	`}`

說明

1. 本例灰底處為新增的程式敘述。

2. 第 40 行:建立 faceAttributeTypes 物件用來指定要取得哪些臉部屬性。

3. 第 42 行:執行 faceClient.Face.DetectWithStreamAsync()方法建立 IList <DetectedFace>泛型介面物件 detectedFaces,此物件存放影像中所有臉部資訊。臉部偵測模型指定 DetectionModel.Detection01,可傳回主要臉部屬性 (頭部姿勢、年齡、表情等),但較小的臉部、側面或模糊的臉部無法取得。臉部識別模型可使用目前最精確 RecognitionModel. Recognition04 模型。最後一個參數指定要取得 faceAttributeTypes 所設定的臉部屬性。

4. 第 51-54 行：將影像中人數和臉部屬性如性別、年齡、唇妝、配戴眼鏡，以及快樂、驚喜、生氣、悲傷表情分數程度存入 str 字串變數。

6.5.4 臉部驗證開發步驟

FaceClient 類別物件另外提供 Face.VerifyFaceToFaceAsync()方法，可比對兩張臉部的 FaceId 並傳回 VerifyResult 類別物件，透過 VerifyResult 的 IsIdentical 屬性可判斷不同影像中的臉孔是否屬於同一人。使用 VerifyResult 的 Confidence 屬性可取得臉部相似信度，其值介於 0.0～1.0 之間。臉部驗證常見應用於人臉打卡，人臉門禁系統…等。如下是使用 Face API 臉部服務與臉部驗證(人臉比對)的步驟，完整實作可參閱 FaceApi03 範例。

Step 01 ˋ 前往 Azure 申請 Face API 臉部服務的金鑰 (Key) 與端點 (Url)。

Step 02 ˋ 專案安裝 Microsoft.Azure.CognitiveServices.Vision.Face 套件。

Step 03 ˋ 建立 FaceClient 物件取得影像中兩張臉部的 FaceId。寫法如下：

```
//建立 FaceClient 物件，同時指定服務金鑰
FaceClient faceClient = new FaceClient(
    new ApiKeyServiceClientCredentials("臉部服務金鑰"),
    new System.Net.Http.DelegatingHandler[] { });

 // faceClient 物件指定臉部服務端點(位址)
 faceClient.Endpoint = "臉部服務端點";

 // 宣告 DetectedFace 泛型介面物件 detectedFace1, detectedFace2
 IList<DetectedFace> detectedFace1, detectedFace2;

 // 第 1 張影像的臉部資訊物件 detectedFaces1
detectedFaces1=await faceClient.Face.DetectWithStreamAsync(影像檔案串流 1,
    detectionModel: DetectionModel.Detection01,
    recognitionModel: RecognitionModel.Recognition04);
 // 第 2 張影像的臉部資訊物件 detectedFaces2
detectedFaces2=await faceClient.Face.DetectWithStreamAsync(影像檔案串流 2,
    detectionModel: DetectionModel.Detection01,
        recognitionModel: RecognitionModel.Recognition04);
```

```
string faceId1, faceId2;
//取得第 1 張影像第 1 個臉部的 faceId
faceId1= detectedFaces1[0].FaceId.ToString();
//取得第 2 張影像第 1 個臉部的 faceId
faceId2= detectedFaces2[0].FaceId.ToString();
```

Step 04 執行 FaceClient 物件 Face.VerifyFaceToFaceAsync()方法,比對兩
張臉部的 FaceId。並傳回 VerifyResult 類別物件,此物件可取得兩
張影像中臉部比對的結果。VerifyResult 類別的 IsIdentical 屬性用
來判斷人臉是否相似,true 表示相似、false 表示不相似;
Confidence 屬性可取得人臉相似信度,其值介於 0.0 ~ 1.0 之間,
值愈高代表同一人的可能性愈高。寫法如下:

```
VerifyResult result = await faceClient.Face.VerifyFaceToFaceAsync
        (System.Guid.Parse(faceId1), System.Guid.Parse(faceId2));
// IsIdentical 判斷是否為同一人,Confidence 可取得相似度
// 將臉部驗證結果存放在 msg 字串變數
string msg=$"是否為同一人:{result.IsIdentical},相似度:{result.Confidence}";
```

接著以 FaceApi03 範例來練習臉部驗證實作。

6.5.5 臉部驗證實作

🔽 範例:FaceApi03.sln

程式執行時按下 開檔1 與 開檔2 鈕,開啟「開檔」對話方塊並指
定要比對的影像,最後按下 臉部驗證 鈕進行比對影像中的臉部是否為
同一人,程式亦會將影像中臉部的 FaceId 顯示於標籤中。

執行結果

影像中臉部的 Face Id

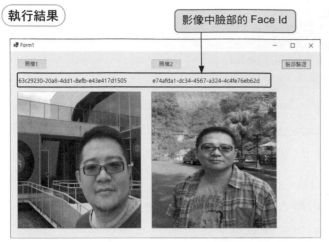

▲ 兩張影像為同一人

▲ 兩張影像為不同人

操作步驟

Step 01 連上 Azure 雲端平台取得 Face API 臉部服務的金鑰 (Key) 和端點 (Url)。(操作過程請參考 6.5.2 節範例 Step01)

臉部服務提供兩組金鑰和一個端點。請將其中一組金鑰和端點複製到記事本文字檔內，在撰寫程式時需要使用。

Step 02 建立表單輸出入介面：

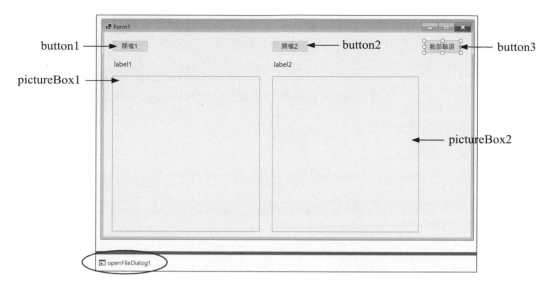

Step 03 安裝 Face API 臉部服務套件：

在專案中安裝「Microsoft.Azure.CognitiveServices.Vision.Face」套
件，套件版本請選擇「最新搶鮮版 2.8.0」。(操作過程請參考
6.5.2 節範例 Step03)

Step 04 撰寫程式碼

程式碼 FileName:Form1.cs

```
01 using Microsoft.Azure.CognitiveServices.Vision.Face;
02 using Microsoft.Azure.CognitiveServices.Vision.Face.Models;
03
04 namespace FaceApi03
05 {
06     public partial class Form1 : Form
07     {
08         public Form1()
09         {
10             InitializeComponent();
11         }
12
13         string imgPath1, imgPath2;
14         //開檔1
15         private void button1_Click(object sender, EventArgs e)
```

```
16          {
17              if (openFileDialog1.ShowDialog() == DialogResult.OK)
18              {
19                  pictureBox1.Image=new Bitmap(openFileDialog1.FileName);
20                  imgPath1 = openFileDialog1.FileName; // 第 1 個影像路徑
21              }
22          }
23          //開檔 2
24          private void button2_Click(object sender, EventArgs e)
25          {
26              if (openFileDialog1.ShowDialog() == DialogResult.OK)
27              {
28                  pictureBox2.Image=new Bitmap(openFileDialog1.FileName);
29                  imgPath2 = openFileDialog1.FileName;    // 第 2 個影像路徑
30              }
31          }
32          //臉部驗證
33          private async void button3_Click(object sender, EventArgs e)
34          {
35              //臉部服務端點與金鑰
36              string apiUrl, apiKey;
37              apiUrl = "臉部服務端點";
38              apiKey = "臉部服務金鑰";
39
40              //建立 FaceClient 物件，同時指定的服務 Key
41              FaceClient faceClient = new FaceClient(
                    new ApiKeyServiceClientCredentials(apiKey),
                    new System.Net.Http.DelegatingHandler[] { });
42
43              //FaceClient 物件指定服務 Api 位址
44              faceClient.Endpoint = apiUrl;
45
46              //使用 FileStream 物件 fs1 開啟圖檔
47              FileStream fs1 = File.OpenRead(imgPath1);
48  // 宣告 DetectedFace 泛型介面物件 detectedFaces1，取得第 1 個影像的 faceId
49              IList<DetectedFace> detectedFaces1 =
50                  await faceClient.Face.DetectWithStreamAsync(fs1,
                        detectionModel:DetectionModel.Detection01,
                        recognitionModel:RecognitionModel.Recognition04);
```

51	`string `**`faceId1`**`= detectedFaces1[0].FaceId.ToString();`
52	`label1.Text = faceId1;    //第1個影像的faceId`
53	
54	`//使用 FileStream 物件 fs2 開啟圖檔`
55	`FileStream fs2 = File.OpenRead(imgPath2);`
56	`// 宣告 DetectedFace 泛型介面物件 detectedFaces2，取得第2個影像的 faceId`

57	`IList<DetectedFace> detectedFaces2 =`
	`        await faceClient.Face.DetectWithStreamAsync(fs2,`
	`        detectionModel:DetectionModel.Detection01,`
	`        recognitionModel:RecognitionModel.Recognition04);`

58	`string `**`faceId2`**` = detectedFaces2[0].FaceId.ToString();`
59	`label2.Text = faceId2;    //第2個影像的faceId`
60	
61	`// 執行 Face.VerifyFaceToFaceAsync()方法傳回 VerifyResult 物件`

62	`VerifyResult `**`result`**` =`
	`    await faceClient.Face.`**`VerifyFaceToFaceAsync`**
	`    (System.Guid.Parse(`**`faceId1`**`), System.Guid.Parse(`**`faceId2`**`));`

63	`// IsIdentical 判斷是否為同一人，Confidence 可取得相似度`
64	`string msg =` `$"是否為同一人：{`**`result.IsIdentical`**`}, 相似度：{`**`result.Confidence`**`}";`
65	`MessageBox.Show(msg);`
66	`        }`
67	`    }`
68	`}`

說明

1. 第 1-2 行：引用臉部套件相關命名空間。

2. 第 37,38 行：請填入自行申請的 Face API 臉部服務的金鑰與端點。(操作過程請參考 6.5.2 節範例 Step01)

3. 第 49-59 行：取得兩張影像中臉部的 FaceId。

4. 第 62 行：執行 Face.VerifyFaceToFaceAsync()方法比對兩組臉部的 FaceId，將比對結果傳給 VerifyResult 類別物件 result。

5. 第 64 行：將 result 物件驗證結果，人臉是否為同一人以及相似信度顯示於對話方塊中。

6.6 模擬試題

 題目(一)

若要偵測影像中的人臉。Face API 如何指出偵測到的臉部位置？

① 每張臉部都有一對指示臉部中心的座標

② 每張臉部都有兩對指示眼睛位置的座標

③ 每張臉部都有一組臉部矩形週框方塊的座標

④ 每張影像只能偵測到一張矩形週框方塊面積最大的臉部座標

 題目(二)

哪種影像可能會影響人臉的臉部偵測？

① 人臉的微笑表情 　② 臉部角度極端

③ 攝影時的快門速度 　④ 人臉有帶眼鏡

 題目(三)

若想要使用「臉部服務」找出被點名的人，必須做什麼？

① 使用「臉部服務」，無法執行臉部辨識

② 使用「臉部服務」來擷取每個人的年齡和情緒狀態

③ 使用「臉部服務」來建立群組，其中包含每個被點名個人的多張
影像，並根據此群組來定型模型

④ 被點名的人員註冊時，使用高品質影像

 題目(四)

何項臉部辨識任務與「所有人臉都相互從屬嗎？」問題相匹配？

① 識別 　② 相似性 　③ 驗證 　④ 群組

題目(五)

何項臉部辨識任務與「這個人看起來像其他人嗎？」問題相匹配？
① 識別　② 相似性　③ 驗證　④ 群組

題目(六)

何項臉部辨識任務與「這兩張照片的臉是否屬於同一人？」這個問題相匹配？
① 識別　② 相似性　③ 驗證　④ 群組

題目(七)

何項臉部辨識任務與「這群人中哪一個是這個人？」問題相匹配？
① 識別　② 相似性　③ 驗證　④ 群組

題目(八)

您需要生成一個用於社交媒體的圖像標記解決方案，以便自動標記您朋友的圖像。您應該使用哪種服務？
① 人臉　② 表單辨識器　③ 文字分析　④ 電腦視覺

題目(九)

使用臉部偵測服務比對兩影像中的兩個人的臉部，結果顯示兩影像的人臉相似度 97%，表示
① 兩人必為同一身分　② 兩人必為同一身分的可能性極大
③ 兩人有血緣關係　　④ 兩人不是同一身分

題目(十)

哪一種生物辨識技術可以直接擷取資料，不需要強制辨識者配合。
① 指紋辨識　② 虹膜辨識　③ 聲音辨識　④ 人臉辨識

探索自然語言處理 (一)文字分析

7.1 自然語言處理簡介

何謂自然語言？自然語言就是流通於人類社會的語言，命名為「自然語言」的原因，只是避免和人工的「程式語言」互相混淆。

基本上，人與人之間用來表達意見、傳遞思想的方式，可分成以人嘴說出來的話語以及使用書寫工具所產生的文字。溝通方法不論是語音聲波還是文字符號，都是由特殊字彙以某種規則依序排列所建構而成。只要兩方使用相同的語言和文法，發話者就可以清楚地表達自身的想法，聆聽者也能正確的理解對方的語意，人與人之間就能順利相互溝通。

以上面的例子來說，對話溝通的工具不論是文字或語言，在 AI 人機介面之中，稱之為「自然語言」(Natural Language)。機器接受到自然語言後先轉換成文字，再分解成字彙，理解其內容，最後做出適當的反應，這整個過程稱之為「自然語言處理」(Natural Language Processing 縮寫作 NLP)。

7.2 自然語言處理

要開發出可以和人類閒聊對談的電腦，並不是件容易的事。因為整個過程電腦必需能完成以下步驟：

● 辨識聲音並轉換成文字。

● 理解整個句子的含意。

● 電腦要能制定決策，並作出適當的回饋。

簡單的來說，具備自然語言處理的電腦就是能了解書寫文字或口語語言，並以文字或口語語言進行回應能力的電腦。在應用程式中使用語言服務，以自然語言處理作為人機介面的中介程序，如同為電腦配置了眼睛、耳朵及嘴巴，電腦就可處理下列項目：

● 分析和解讀文件、電子郵件訊息及其他來源的文字。

● 解譯語音，並合成語音回應。

● 自動翻譯不同語言的語音或文章。

● 解譯命令並執行適當的動作。

在 Microsoft Azure 認知服務中，負責處理以上程序的就是 Microsoft Azure 語言服務。Microsoft Azure 語言服務有以下的服務項目，提供使用者針對不同情境來建立解決方案：

服務	功能
語言服務	此服務可以用於理解和分析文本、訓練能夠理解語音或基於文本命令的語言模型，以及構建 AI 應用程式的功能。
翻譯工具	此服務可以翻譯 60 多種語言的文字。
語音	此服務可以辨識及合成語音，並翻譯口語語言。

Azure Bot	此服務為對話式 AI 提供了一個平台，即軟體 "代理" 參與對話的功能。開發可以使用 Bot Framework 來創建機器人，並使用 Azure 機器人服務對其進行管理 – 統籌後端服務（如語言）以及連接到針對 Web 聊天、電子郵件、Microsoft Teams 等服務的管道。

綜合上面的敘述，具備自然語言處理的系統，就可以自動化的完成下列任務：

● 監控社群軟體中含猥褻語言的貼文。

● 監控新聞網站對產品的負面報導。

● 識別內文是以哪種語言撰寫。

● 判別內文中所提及的公司和組織。

● 將電話語音翻譯為其他語言。

● 將電話語音轉換成逐字稿。

● 將電子郵件區分為工作相關郵件或個人郵件。

以下將示範如何使用 Microsoft Azure 語言服務，來與使用者進行互動。請開啟瀏覽器並前往 https://aidemos.microsoft.com/luis/demo，執行 Microsoft Azure 語言服務的範例。

在這一個範例中，操作者可以使用麥克風說出命令、用鍵盤輸入文字來下達命令，或者直接點按命令按鈕來控制虛擬住家的照明按鈕。

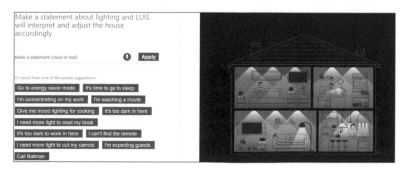

在網頁上第一次按 🎤 語音按鈕時，瀏覽器會詢問「是否要與網站分享麥克風」，請點按 允許 (A) 開放麥克風權限。

下達語音命令的步驟：

① 按 🎤 語音按鈕。② 說出命令句 (例如：It's time to go to sleep.)。③ 按 ⦿ 中止語音，系統就會執行語音命令 (例如：關閉臥室的燈)。

下達文字命令的步驟：

① 點按文字輸入欄位。② 輸入命令句 (例如： Turn off the kitchen lights.)。
③ 按 Apply 執行命令 (例如：關閉廚房的燈)。

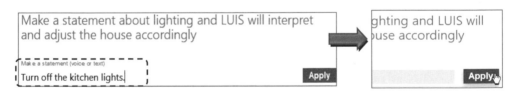

或是直接點按命令按鈕，下達命令：

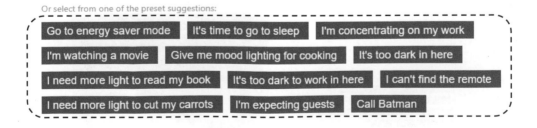

7.3 使用語言服務分析文字

適用於語言的 Azure 認知服務是一項雲端式服務,可提供自然語言處理 (NLP) 功能,用於了解和分析文字。使用此服務可透過 REST API 和用戶端程式庫,來建置具處理自然語言功能的智慧型應用程式。

Azure 認知服務已整合了文字分析、QnA Maker 和 LUIS。其中文字分析的 AI 模型,假若使用系統內定的 AI 模型,使用者只需輸入資料,其後在應用程式中就能使用系統的輸出資料。也可以自訂 AI 模型,此時您能自行建構 AI 模型,以明確地處理您特定的資料。

7.3.1 語言服務功能

Azure 認知服務的語言服務提供下列功能:

功能	說明
具名實體辨識 (NER)	在數個預先定義的類別之間,識別出文字中的實體 (人員、地點、組織及數量)。
個人識別資訊 (PII) 偵測	在數個預先定義的敏感性資訊 (例如身分證號碼) 類別之間,識別出文字中的實體。
關鍵片語擷取	評估非結構化文字,並針對每個輸入文件,傳回文字中的關鍵片語和要點清單。
實體連結	釐清在文字中找到的實體身分識別,並提供維基百科上實體的連結。
健康情況的文字分析	從非結構化醫療文字 (例如臨床記錄) 中擷取資訊。
自訂 NER	使用您提供的非結構化文字,建置 AI 模型以擷取自訂實體類別。

分析情感與意見	預設功能為句子和文件提供情感標籤 (例如「負面」、「中性」和「正面」)。 這項功能可以額外提供細微資訊，以及關於與文字中出現的字組相關的意見，例如產品或服務的屬性。
語言偵測	預設功能會評估文字，並判定出所用的語言。可傳回語言識別碼，及偵測信心分數。
問題解答	預設功能是使用半結構化內容 (例如：常見問題集、操作手冊和技術文件)，對擷取自文件輸入的問題提供答案。
協調流程工作流程	將語言模型定型，以將您的應用程式連線至問題解答、交談式語言理解和 LUIS。

Tips 非結構化文字：未經整理歸納的資料，資料形式包含文字、圖像、聲音及影音等。

結構化文字：經整理歸納的資料，儲存於表單、資料庫，易於搜尋、統計的文字。

7.3.2 語言分析技術

接下來將帶領大家學習 Microsoft Azure 的語言服務，進行文字分析。其中會包含語言服務的文字情感分析、關鍵片語擷取、實體辨識，以及語言偵測等服務項目。

文字分析是一種處理程序，是執行於電腦上的人工智慧 (AI) 演算法，利用以下技術為文字賦與屬性，以判斷文字中內含的語意。

❖ **斷詞處理**：以電腦而言，一篇文章或一段話，是由若干段落所組成，一個段落是由數個句子所組成，而一個句子是由字彙串連而成的。換言之，字彙是文章的最小單位，自然語言處理的第一個步驟就是把整篇文章拆解成最小片段「字彙」，這一個程序稱為「斷詞處理」。

> **Tips** 線上版的中文斷詞系統：
> 中央研究院中文斷詞系統：http://ckipsvr.iis.sinica.edu.tw/

❖ **列表**：字彙是文章經斷詞處理之後的產物，要將所有字彙儲存在陣列之中，以備後續作業中進行處理，並可隨時取用。

❖ **詞類標記**：要掌握字彙的的特性，就要給予字彙一個類別，這個類別稱為「詞類標記」（Part of Speech Tagging）或簡稱為「詞性」（POS）。「詞類標記」將字彙編碼成可用於 AI 機器學習模型的數值特徵，也就將字彙區分成形容詞、名詞、動詞 … 等。另外也會將字彙分類為正面或負面，以便於當作「情感分析」的判斷依據。

❖ **詞意消歧**：就是將字彙標準化，舉例來說，同一文章內出現「太陽」、「烈日」及「日頭」之類的文字會轉譯為相同字彙。又例如「白白」這個字彙有多重含意，可能指的是「顏色」、「勞而無獲的」、「清晰、明顯」或「光明正大」…等不同的意思，這種情況就要參考前後文，才能設定字彙的詞性。

❖ **字頻**：統計出每個字彙在文章中所出現使用的的頻率，字彙的「字頻」也是文章的特徵之一，是提供關於文字主旨的重要線索。

❖ **語法剖析**：套用語言結構規則來分析段落；將段落細分為類似樹狀結構的結構，來呈現字彙和結構的關係。

❖ **建立「向量化」模型**：藉由將字彙指派到 n 維度空間中的位置來擷取字與字之間語義關聯性。例如，此模型化技術可能會設定「波斯貓」的值相當接近「挪威森林貓」的值，而指派給「石虎」的值會比較遠，指派給「哈巴狗」的值會更遠。

雖然這些技術可發揮極大效果，但程式設計上可能會很複雜。但在 Microsoft Azure 的語言認知服務，讓您可使用內建的模型來簡化應用程式開發，這些模型具有下列功能：

- 判斷文字所使用的語言（例如德文或西班牙文）。

- 對文字進行情感分析，以判斷內文是屬於正面或負面情感。

- 從文字中擷取關鍵片語，並標註交談重點。

- 識別並分類文字中的實體。實體可以是人、地、組織，及日期時間、數量等的常用項目。

上述語言服務的功能可應用於如下案例中。

- 社群媒體摘要分析，用於偵測有關政治情勢或市場產品的好感度。

- 文件搜尋，用於擷取出關鍵片語，協助製作摘要文件或目錄。

- 由文件或其他文字中擷取出品牌資訊或公司名稱，以供識別之用。

7.3.3 語言分析服務

一. 語言偵測

語言偵測功能可以辨識出文章所使用的語言，如果偵測成功系統將回傳下列資料：

- 語言名稱（例如：繁體中文）。

- ISO 639-1 語言識別碼（例如：zh_cht）。

- 本次偵測結果的信心指數。

語言偵測可以辨識出許多的語言，並且包括該語言的變體或是方言。至於無法偵測的語言或只有標點符號、混合各地語言的內容，這些情況可

能會對服務形成障礙，若導致無法辨認，系統會回傳語言名稱及語言識別項為 unknown 值，信心分數為 NaN。

例如，假設您是餐廳的小編，負責社群軟體的維護，顧客若對食物、服務等有意見，會留言在社群軟體上。假設您收到以下的貼文：

貼文 1：「三明治 CP 值超高的。」

貼文 2：「海鮮料理美味可口。」

貼文 3：「Comida maravillosa y gran servicio.」

您可以使用語言服務中的語言偵測功能來辨認每則評論的語言。

評論	語言名稱	ISO 639-1 代碼	分數
貼文 1	Chinese_Traditional	zh_cht	0.88
貼文 2	Chinese_Traditional	zh_cht	1
貼文 3	Spanish	es	0.97

 語言偵測支援的語言列表：

https://docs.microsoft.com/zh-tw/azure/cognitive-services/language-service/language-detection/language-support

二. 情感分析

語言服務中的情感分析功能可以評估文件，並傳回文件的情感分數和標籤。這項功能非常適合用來偵測社交媒體、討論論壇內貼文屬於正面或負面評價。甚至可發覺文字中所意含的情緒是穩定或是不安。

情感分析功能會按「正負尺度」來評估文件，而這個評估尺度是經由機器學習所建立的分類模型。文件經過情感分析後，會傳回介於 0 到 1 之

間的情感分數，接近 1 的值，表示是正向情感。接近 0 的值，則是表示負面情感。

例如，您可針對下列兩條民宿的貼文進行情感分析：

「這間民宿門面樸實無華，並不特別顯眼，你如果有機會走進去瞧一瞧，就會立刻感受到處處可見民宿主人的巧思。」

以及

「這間民宿，房間門一打開，便覺霉味噗鼻，天花板可見蜘蛛網，地上還有螞蟻列隊通過，心想『我上了賊船』。」

第一個評價的情感分數可能落在 0.9 左右，表示正面情感；但第二個評價的分數可能較接近 0.1，表示負面情感。

如果情感分數是 0.5 分，可能表示無法確定文字的情感，其原因可能是文字沒有足夠內容可用於辨識情感，或字彙數太少。也有可能是使用錯誤語言代碼 (內文是西班牙文，但誤報為瑞典文)，則服務會傳回 0.5 的分數。

三. 關鍵片語擷取

關鍵片語擷取是自動辨識出文件內有意義且具代表性的片語的一種技術。其應用範圍主要有：

- 識別出文件中的表達重點，進行摘要說明。
- 檢視電子郵件並分類為工作相關郵件、私人郵件或垃圾郵件。
- 自動建立文件索引。
- 文字自動過濾不雅字眼。
- 相同主題的文件自動歸類。

關鍵片語擷取可說是，文件自動化處理的基礎。

例如：當您搜集收到下列文章：

「遊戲可說是小孩子最喜愛的活動，當小孩子在戶外，爬上爬梯，跳過跳台，到處橫衝直撞。這就是小孩子的天性，遊戲就是小孩子的工作，這是以體能培育心智的活動。」

關鍵片語擷取可能會擷取出下列片語，來分析這篇文章：

「遊戲」、「小孩子」、「活動」…。

您不僅可使用情感分析來判斷這文章是否為正面的，還可使用關鍵片語來識別文章的主題。

四. 實體辨識

實體辨識 (Named Entity Recognition 縮寫作 NER) 也可以稱為「專有名詞辨識」，使用語言服務時，您可以輸入一篇文件，服務會傳回所辨識文字中的「實體」清單。所謂「實體」基本上是特定類型的項目或分類，也就是人員、地點和組織等。有的類型還可以再細分為子類型。是以「實體」的數量是不可計數的，下表為「實體」的一小部分。

類型	子類型	範例
人		「王小明」
位置		「台中市」
數量	溫度	「37.4℃」
DateTime	日期	「2022/06/18」
URL		「https://www.hinet.net/」

實體辨識服務也可提供網路上有關該實體詳細資訊的連結，稱為「實體連結」。針對已辨識的實體，服務會傳回相關 「維基百科」文章的 URL。

例如，假設您使用語言服務來分析下列文字，摘錄內文中的實體：「我上週路過總統府。」

實體	類型	子類型	Wikipedia URL
總統府	位置		https://zh.wikipedia.org/zh-tw/總統府
上週	DateTime	DateRange	

7.4 文字分析開發實作

7.4.1 文字分析開發步驟

如下是使用文字分析服務的步驟，完整實作可參閱下一小節範例。

Step 01 前往 Azure 申請文字分析服務的金鑰 (Key) 與端點 (Url)。

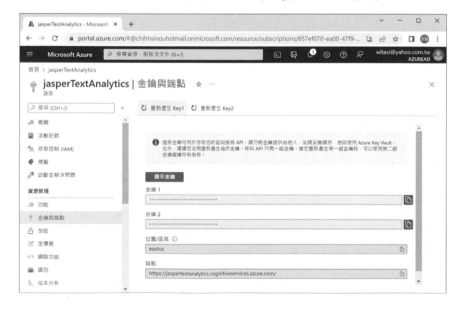

Step 02 專案安裝 Azure.AI.TextAnalytics 套件。

Step 03 建立 TextAnalyticsClient 類別的文字分析物件，並指定服務的金鑰和端點。寫法如下：

```
AzureKeyCredential 金鑰物件= new AzureKeyCredential("文字分析金鑰");
Uri 服務端點物件= new Uri("文字分析端點");
//建立文字分析物件，同時指定文字分析服務端點和金鑰
TextAnalyticsClient 文字分析物件 =
        new TextAnalyticsClient(服務端點物件, 金鑰物件);
```

Step 04 文字分析物件建立完成之後，接著可使用所提供的方法進行文字分析。例如使用 DetectLanguage()方法建立語言偵測物件進行偵測文件時所使用的語言，或使用 AnalyzeSentiment()方法建立文件情感物件取得文字內容正面或負面的情感…等。

7.4.2 語言偵測範例實作

📥 **範例**：DetectedLanguage01.sln

程式執行時，可以在「文字內容」多行文字方塊輸入不同語言內容。按下 語言偵測 鈕時，會在「偵測結果」多行文字方塊中，顯示文字的語言名稱、語言代碼以及偵測語言信心分數。

執行結果

🔺 偵測文字內容的語言與語言代碼為繁體中文以及信心分數為 0.91

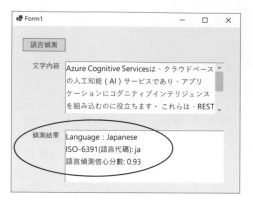

🔺 偵測文字內容的語言與語言代碼為日文以及信心分數為 0.93

操作步驟

Step 01 連上 Azure 雲端平台取得文字分析服務的金鑰 (Key) 和端點 (Url)：

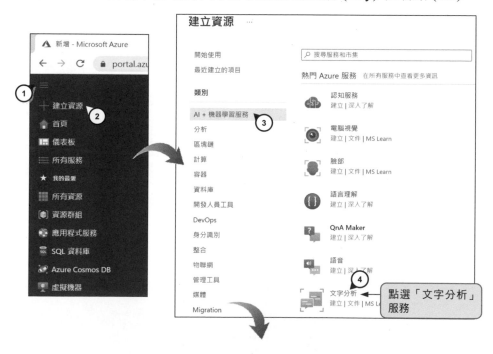

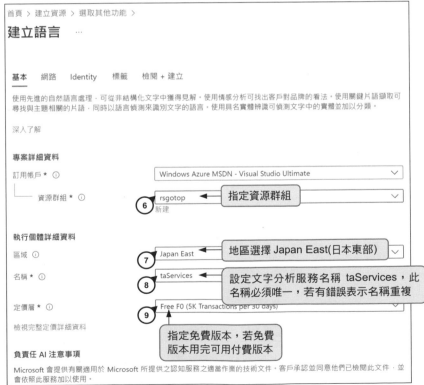

負責任 AI 注意事項

Microsoft 會提供有關適用於 Microsoft 所提供之認知服務之適當作業的技術文件。客戶承認並同意他們已檢閱此文件,並會依照此服務加以使用。

負責任使用 AI 文件進行健康情況的文字分析

負責使用 PII 的 AI 文件

負責任將 AI 文件用於語言

核取此方塊代表本人確認已詳閱並知悉「負責任 AI 注意事項」中的相關條款。

檢閱 + 建立　　< 上一步　　下一步:網路 >

Microsoft Azure　　搜尋資源、服務及文件 (G+/)

首頁 > 建立資源 > 選取其他功能 >

建立語言

✓ 驗證成功

基本　網路　Identity　標籤　**檢閱 + 建立**

基本
訂用帳戶　　　　Windows Azure MSDN - Visual Studio Ultimate
區域　　　　　　Japan East
名稱　　　　　　taServices
定價層　　　　　Free F0 (5K Transactions per 30 days)

網路
類型　　　　　　所有網路 (包括網際網路) 皆可存取此資源。

Identity
身分識別類型　　None

建立　　< 上一步　　下一頁

首頁 >

TextAnalyticsCreate_Dx-20220806175748 | 概觀
部署

搜尋 (Ctrl+/)

🗑 刪除　⊘ 取消　⬆ 重新部署　↻ 重新整理

概觀
輸入
輸出
範本

✓ 您的部署已完成

部署名稱: TextAnalyticsCreate_Dx-20220806175748
訂用帳戶: Windows Azure MSDN - Visual Studio Ulti.
資源群組: ocumdgrs

∨ 部署詳細資料 (下載)

∧ 後續步驟

前往資源

服務建立完成會出現 **前往資源** 鈕,按下此鈕會直接跳到該服務設定畫面。

通知　　　　　　　　　　　　　　　　×

活動記錄中的其他事件 →　　　　　　全部關閉 ∨

✓ 已成功部署　　　　　　　　　　　×
目標為資源群組 'ocumdgrs' 的部署 'TextAnalyticsCreate_Dx-20220806175748' 成功。

⌕ 釘選到儀表板　　前往資源群組
　　　　　　　　　　　　　　　　　　幾秒鐘前

ⓘ 尚餘點數 $3,660.00 點
訂用帳戶 'Windows Azure MSDN - Visual Studio Ultimate' 尚餘價值 $3,660.00 元的點數。
　　　　　　　　　　　　　　　　　　18 分鐘之前

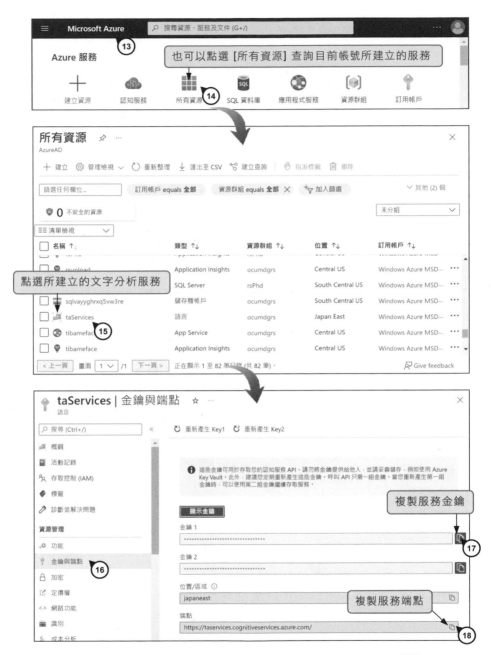

上圖的文字分析服務提供兩組金鑰和一個端點。請使用 📋 鈕將其中一組服務金鑰和端點複製到文字檔內，金鑰和端點於撰寫程式時會使用。

Step 02　建立表單輸出入介面：

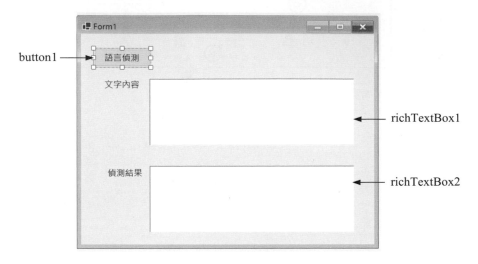

Step 03　安裝文字分析 Azure.AI.TextAnalytics 套件：

在方案總管視窗的「相依性」按滑鼠右鍵執行【管理 NuGet 套件 (N)】，接著依圖示操作安裝「Azure.AI.TextAnalytics」套件。

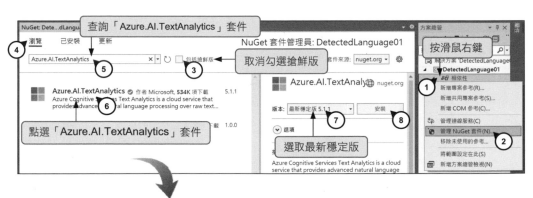

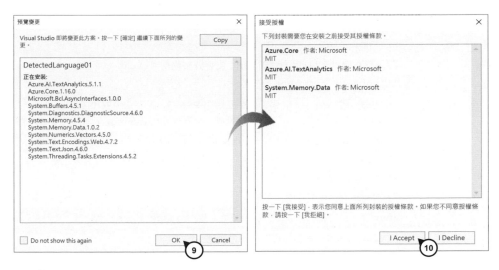

Step 04 撰寫程式碼

程式碼 FileName:Form1.cs

```
01 using Azure;
02 using Azure.AI.TextAnalytics;
03
04 namespace DetectedLanguage01
05 {
06     public partial class Form1 : Form
07     {
08         public Form1()
09         {
10             InitializeComponent();
11         }
12
13         private void button1_Click(object sender, EventArgs e)
14         {
15             if (richTextBox1.Text == "")
16             {
17                 richTextBox2.Text = "請輸入文字內容";
18                 return;
19             }
20             // 建立金鑰物件
21             AzureKeyCredential credentials =
                    new AzureKeyCredential("申請文字分析服務金鑰");
```

```
22              // 建立服務端點物件
23              Uri endpoint = new Uri("申請文字分析服務端點");
24              // 建立 TextAnalyticsClient 文字分析物件 client
25              TextAnalyticsClient client =
                    new TextAnalyticsClient(endpoint, credentials);
26          // 建立 DetectedLanguage 語言偵測物件 detectedLanguage，並傳入文字內容
27              DetectedLanguage detectedLanguage =
                    client.DetectLanguage(richTextBox1.Text);
28              string result = "";
29              // Name 屬性可取得語言名稱
30              result +=$"Language：{detectedLanguage.Name}\n";
31              // Iso6391Name 屬性可取得語言代碼
32              result +=
                    $"ISO-6391(語言代碼)：{detectedLanguage.Iso6391Name}";
33              // ConfidenceScore 屬性可取得語言偵測結果的信心分數(信度)
34              result+=$"語言偵測信心分數：{detectedLanguage.ConfidenceScore}";
35              richTextBox2.Text = result;
34          }
36      }
37 }
```

Q 說明

1. 第 1-2 行：引用文字分析套件命名空間。

2. 第 21,23 行：請填入自行申請的文字分析服務的金鑰與端點，步驟可參閱 Step01。

3. 第 25 行：建立 TextAnalyticsClient 文字分析類別物件 client，同時指定文字分析服務的金鑰與端點給 client。

4. 第 27 行：建立 DetectedLanguage 語言偵測物件 detectedLanguage，同時指定要偵測的文字內容為 richTextBox1 的內容。

5. 第 30-34 行：將語言偵測的結果包含語言名稱、語言代碼以及偵測語言信心分數顯示於 richTextBox2。

7.4.3 文字情感分析實作

📥 **範例：DocumentSentiment01.sln**

程式執行時，可以在「文字內容」多行文字方塊輸入包含正負面的文字內容。按下 情感分析 鈕時在「分析結果」多行文字方塊，會顯示所有文字段落的正面、負面或中性情感分數。

（執行結果）

▲ 文字內容進行情感分析

（操作步驟）

Step 01 使用上一個範例文字分析服務的端點與金鑰，若無端點與金鑰可參考上一個範例 Step01 步驟申請。

Step 02 建立表單輸出入介面：

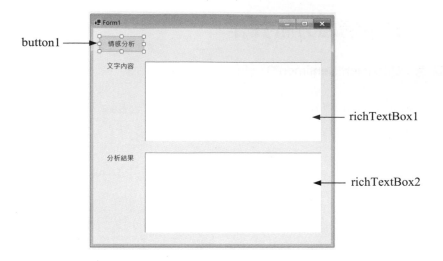

Step 03 安裝文字分析 Azure.AI.TextAnalytics 套件：

在方案總管視窗的「相依性」按滑鼠右鍵執行【管理 NuGet 套件 (N)】，接著依圖示操作安裝「Azure.AI.TextAnalytics」套件。

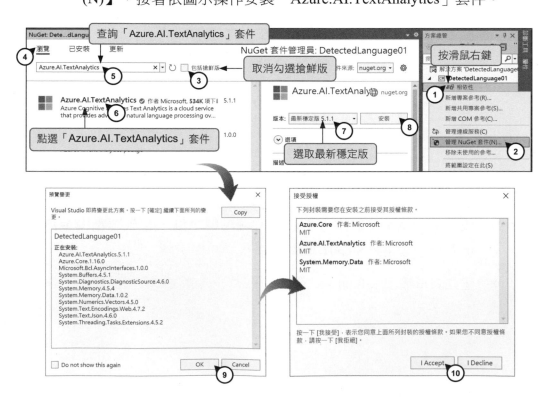

Step **04** 撰寫程式碼

程式碼 FileName:Form1.cs

```
01 using Azure;
02 using Azure.AI.TextAnalytics;
03
04 namespace DocumentSentiment01
05 {
06     public partial class Form1 : Form
07     {
08         public Form1()
09         {
10             InitializeComponent();
11         }
12
13         private void button1_Click(object sender, EventArgs e)
14         {
15             if (richTextBox1.Text == "")
16             {
17                 richTextBox2.Text = "請輸入文字內容";
18                 return;
19             }
20             // 建立金鑰物件
21             AzureKeyCredential credentials =
                    new AzureKeyCredential("申請文字分析服務金鑰");
22             // 建立服務端點物件
23             Uri endpoint = new Uri("申請文字分析服務端點");
24             // 建立 TextAnalyticsClient 文字分析物件 client
25             TextAnalyticsClient client =
                    new TextAnalyticsClient(endpoint, credentials);
26             // 建立 DocumentSentiment 文件情感分析物件 documentSentiment
27             // 分析文字情感內容為 richTextBox1，分析語系為繁體中文 zh-Hans
28             // 若省略語系預設分析英文
29             DocumentSentiment documentSentiment =
                    client.AnalyzeSentiment(richTextBox1.Text, "zh-Hans");
30
31             string result = "";
32             result+=$"文件情緒：{documentSentiment.Sentiment}\n";
```

33	
34	`foreach (var sentence in documentSentiment.Sentences)`
35	`{`
36	`result += $"\t 文字內容：\"{sentence.Text}\"\n";`
37	`result += $"\t 句子情緒：{sentence.Sentiment}\n";`
38	`result +=` `$"\t 正面情感分數：{sentence.ConfidenceScores.Positive:0.00}\n";`
39	`result +=` `$"\t 負面情感分數：{sentence.ConfidenceScores.Negative:0.00}\n";`
40	`result +=` `$"\t 中性情感分數：{sentence.ConfidenceScores.Neutral:0.00}\n";`
41	`result += $"=============================\n";`
42	`}`
43	`richTextBox2.Text = result;`
44	`}`
45	`}`
46	`}`

說明

1. 第 1-2 行：引用相關文字分析套件命名空間。

2. 第 21,23 行：請填入自行申請的文字分析服務的金鑰與端點。

3. 第 25 行：建立 TextAnalyticsClient 文字分析類別物件 client，同時指定文字分析服務的金鑰與端點給 client。

4. 第 29 行：建立 DocumentSentiment 文件情感分析物件 documentSentiment，同時指定要分析的文字內容為 richTextBox1 的內容，並指定分析語系為繁體中文。

5. 第 31-43 行：將文件情感分析的結果顯示於 richTextBox2。

7.5 模擬試題

題目(一)

在哪種情況下您應該使用關鍵片語擷取？

① 將文章由英語翻譯成為日語

② 判別訪客的評價是正面還是負面

③ 確定哪些文章提及了有關「黑面琵鷺」的資訊

題目(二)

「依照正負尺度作評估」是語言服務中哪一個項目的服務範圍？

① 實體辨識　② 語言偵測　③ 關鍵片語擷取　④ 文字情感分析

題目(三)

「確定文章中的談話要點」是語言服務中哪一個項目的服務範圍？

① 實體辨識　② 語言偵測　③ 關鍵片語擷取　④ 文字情感分析

題目(四)

在哪種情況下會讓語言偵測傳回 NaN 值？

① 語言服務所回傳的分數大於 1

② 無法判斷文字所使用的語言

③ 文字中的主要語言混合了其他語言

④ 文字由標點符號所組成

題目(五)

您使用語言服務對某個文章進行情感分析，系統回傳分數為 0.99。 此分數代表文章含有何種情感？

① 文章含有正面情感　② 文章含有負面情感　③ 文章情感是中性

題目(六)

您建置一個聊天機器人,該聊天機器人會根據使用者的文字輸入,執行下列動作:① 接受使用者預購車票。② 確認車輛班次及座位狀態。③ 更新座位狀態。上述作業是語言服務中哪一個項目的服務範圍?

① 實體辨識　② 語言偵測　③ 翻譯　④ 情感分析

 題目(七)

下列哪種情況不是自然語言處理的範圍?

① 監控新聞網站對市政的負面報導

② 監控社群軟體中的猥褻貼文

③ 監控車輛怠速發動超過 5 分鐘

 題目(八)

「從發票中提取發票號碼和統一編號」是語言服務中哪一個項目的服務範圍?

① 實體辨識　② 語言偵測　③ 關鍵片語擷取　④ 文字情感分析

 題目(九)

您主持教學研討會,會前需要確定研討會的文件中的主要話題,您應該使用下列何種類型的自然語言處理服務?

① 實體辨識　② 語言偵測　③ 關鍵片語擷取　④ 文字情感分析

 題目(十)

您的工作是瀏覽新聞網站上,關於自家餐廳的文章,若出現負面報導的文章時提醒員工;反之若是正面報導的文章時,必須添加到公司網站。您應該使用哪兩個自然語言處理功能來完成該工作?

① 實體辨識　② 語言偵測　③ 關鍵片語擷取　④ 文字情感分析

探索自然語言處理
(二)對話式 AI

8.1 對話式 AI 簡介

1950 年時，英國數學家圖靈 (Alan Turing) 發表論文時，提出了 "Can Machines Think?" (「機器能會思考嗎？」) 的問題，其後並設計出「圖靈測試」實驗，嘗試定出認證機器是否會思考的標準。從此開始，開發出能與人自然應答的機器，就成為科學家的競賽項目之一。經過七十多年拜電腦運算能力飛躍性的成長，人工智能的演算法日益成熟，各種對話式 AI 如雨後春筍般不斷出現，現在已經普及到日常生活之中。

2010 年 Apple 公司推出人工智慧助理 Siri，此後各大軟體公司莫不投入大量資源，爭相加強人工智慧的研究，類似的對話式 AI 相繼問市。

隨著對話式 AI 的蓬勃發展，這種人機能夠交談互動的情況變得愈來愈普遍。比較知名的有 IBM Watson、Google Discover、Amazon Alexa、微軟 Cortama 及微軟小冰等。越來越多的工作，可由人工智慧應用程式，取代員工與客戶進行互動。目前比較常見的應用有：客戶服務系統、訂位系統、娛樂、教育和數位助理等。

對話式 AI 主要包含：語音辨識、對話語言理解、決策、自然語言生成及語音合成等五大功能模組。本章主要學習文字式的對話 AI，語音辨識及語音合成這兩個模組將在下一章才做介紹。

8.2　問題與解答對話系統

8.2.1　QnA Maker

QnA Maker 是一項雲端式自然語言處理 (NLP) 服務，可透過您的資料建立自然對話層。其運作原理主要是：伺服器端藉由輸入問答資訊，來自訂知識庫 (Knowledge Base 縮寫作 KB)；當用戶端提問時，系統會根據問題在知識庫中檢索出答案，這樣的一問一答稱為問答配對。系統還會使用「自動化抽取」(Automatic extraction) 的技術，為類似的問題提供相同且最適當的答案。簡單的說，QnA Maker 可以使用自然語言來查詢知識庫。

建立 QnA Maker 知識庫，可以匯入結構化或半結構化的靜態資料，例如：常見問題 (FAQ) 的網頁、文字檔、Excel 檔或 PDF 檔...等。匯入時會擷取資料中有關聯性的相關資訊，整合起來建立為一組問答配對。當然，您可以用手動方式編輯這些問答配對，或新增其他問答配對。問答配對的內容包括：

- 問題的所有替代形式。

- 在搜尋期間用來篩選答案選擇的中繼資料標籤。

- 後續提示，以備進階搜尋。

QnA Maker 通常用來建立交談式用戶端應用程式，其中包括社群媒體應用程式、聊天機器人，以及具備語音功能的傳統型應用程式。由於知識庫是經過人工整理的問答集，所以在應答表現上會比較自然、流利。

Tips QnA Maker 服務將於 2025 年 3 月 31 日淘汰。該服務將併入 Azure 認知服務之中,由語言服務內的問題解答功能取代,現有的 QnA Maker 資源應儘快轉移到新版的問題和解答。 QnA Maker 資源於 2022 年 10 月 1 日之後,將無法再新建。

8.2.2 問題與解答

對話式 AI 常見模式是使用者用自然語言提出問題,再由 AI 系統給予適當的答案。這種一問一答交談方式,就很類似傳統的常見問題集 (Frequently Asked Question,FAQ)、Q&A (Questions and Answers)。接下來將學習如何使用語言服務,來建立可支援應用程式或 Bot 的問題和答案配對知識庫。

語言服務包含問題解答功能,可讓您定義可使用自然語言輸入查詢的問答組知識庫。知識庫可以發佈至 REST API 端點,並由用戶端應用程式 (通常是 Bot) 使用。

雖然通常可以建立包含個別問答配對的有效知識庫,但有時候您可能需要先提出後續問題,以便在呈現明確的答案之前,從使用者引出更多資訊。這種互動稱為**多回合交談**。

例如,假設旅館預訂知識庫的起始問題是「如何預約晚餐?」。晚餐可以選擇「自助餐」或是「合菜」,因此需要進行後續提示以釐清選項。答案可能包含像是「預約類型」的文字,並包含後續提示,其中包含有關

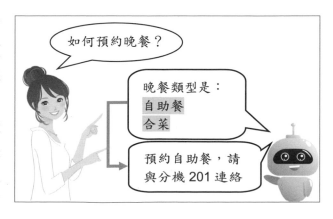

「預約自助餐」和「預約合菜」答案的連結。換言之，要從現有的知識庫中新增問題的多回合內容，其作法是：將後續提示新增至問題。

當定義多回合交談的後續提示時，可以連結至知識庫中的現有答案，或特別針對後續追蹤來定義新的答案。也可以限制連結的答案，使其只會在原始問題所起始的多回合交談內容中顯示。

8.3 使用對話語言理解建立語言模型

電腦為了達成自然對話這樣的人機互動，AI 系統不僅需要能夠接受輸入的語言 (文字或音訊格式)，同時也要能夠解讀輸入語言的意思；換句話說，就是「了解」人類所說的內容。例如：您在開車時，可以用口語對「個人數位助理」下命令，要求導航至最近的加油站。

一. 語言理解核心

這項聽得懂人話的技術，在 Microsoft Azure 上，是使用「語言服務」中的「對話語言理解」或可稱為「自然語言理解」來進行。使用對話語言理解時，需要由對話中得到下列三個核心概念：言語 (表達方式，即表達的範例語句)、實體和意圖。

❖ **表達方式**：表達方式是使用者所要表述的內容，也就是命令，由應用程式來解讀。例如：使用家庭自動化系統時，使用者可能會使用下列言語：

「好熱喔！啟動冷氣機。」

❖ **實體(Entity)**：實體識別是識別出言語中所指稱的特定項目。例如，上例所指稱的實體是「冷氣機」。

❖ **意圖(Intent)**：意圖就是機器的對應方式，即使用者傳達了言語，並期待得到某項結果。例如，對於先前所下達的命令，其意圖是打開設備；因此在你的語言理解應用程式中，需要定義一個意圖，其項目是「啟動」。

建立 Language Understanding (LUIS，語言理解) 應用程式，要先定義包含「意圖」和「實體」的模型。電腦會根據輸入的文字，在模型內找尋可套用的意圖及實體。例如要建立數位管家系統，可能包含下列的意圖：

意圖	表達	實體
問候	「早安」	
	「Hello」	
TurnOn	「開燈」	燈 (裝置)
	「放洗澡水」	熱水器 (裝置)
CheckWeather	「明天冰島的天氣怎麼樣？」	冰島 (位置)、明天 (日期時間)
None	「生命的意義為何？」	

意圖是分組表達工作的簡要方式。在模型中一定要定義 None (無) 意圖，None 意圖會被視為後備的處理程序，其用途在當使用者的要求不符合任何其他意圖時，給予使用者預設的回應。

一開始應用程式雖然是使用內定的實體和意圖，在爾後的運行過程中，語言模型還是可以持續被訓練，讓它能夠根據使用者的輸入的言語，來預測意圖和實體。然後，您可在用戶端應用程式使用更新後的模型，來擷取預測並適當地作出回應。

二. 比較「問題解答」與「語言理解」

「問題解答」與「語言理解」這兩個功能很類似，因為兩者都是可定

義和使用自然語言運算式來查詢的語言模型。不過,這兩種服務在處理的使用案例上還是有所差異,如下表所示:

	問題解答	語言理解
使用模式	使用者表達問題,需要答案。	使用者表達語句,需要適當的回應或動作。
查詢處理	服務使用自然語言理解來比對問題與知識庫中的答案。	服務使用自然語言理解來解譯語句、比對意圖,以及識別實體。
回應	回應為已知問題的靜態答案。	回應為指出最可能的意圖和參考的實體。
用戶端邏輯	用戶端應用程式通常會向使用者呈現答案。	用戶端應用程式會負責根據偵測到的意圖執行適當的動作。

這兩個服務實際上是互補的。您可以建立全方位的自然語言方案,結合對話語言理解模型和問答知識庫。

8.4 使用對話語言理解

在建構使用對話語言理解服務的應用程式之前,必須先定義用來定型 (或稱為訓練) 語言模型的實體、意圖和表達,這步驟稱為「製作」模型。接著,必須發佈模型,讓用戶端應用程式得以根據使用者輸入的言語,再使用此模型來處理意圖和實體「預測」。其建立語言理解模型步驟如下:

一. 建立 LUIS App

先使用 LUIS 入口網站 (語言理解入口網站) 建立 LUIS App 創作資源服務,再透過定義預設的實體和意圖,以及可用於訓練預測模型的每個意圖的言語,就可以使用創作資源來創作和訓練對話語言理解應用程式。

對話語言理解提供了全面性的「意圖與實體」的預設訓練模型，其中包括針對常見場景中的預定義意圖和實體，您以這個模型為基礎，建立自己的實體和意圖。

您可依照任何順序來建立實體和意圖。可以先建立意圖，並在為其定義的範例語句中選取字詞，以建立意圖的實體；或者，可先建立實體，然後在建立意圖時，將實體對應到範例語句的字詞。

您可以編寫程式碼來定義模型的元素，但是在大多數情況下，使用 LUIS 入口網站來創作模型最簡單。LUIS 入口網站是一個基於 Web 的介面，用於創建和管理對話語言理解應用程式。如下圖為 LUIS 入口網站建立實體對應範例語句的畫面。

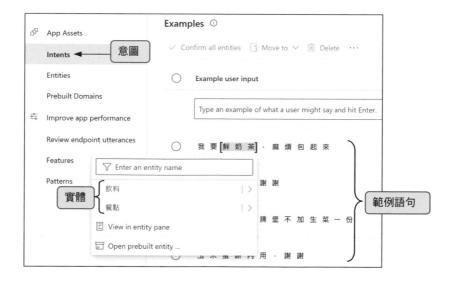

二. 建立意圖

根據使用者想要應用程所執行的動作來定義意圖。每項意圖都應該包含多種範例語句，以提供使用者可能的意圖範例語句。如果意圖可套用至多個實體，要設計能適用於每個可能實體的範例語句，並確定能在表達中識別出每個實體。

三. 建立實體

實體有四種類型:

- Machine-Learned:模型在定型期間所學習到的實體,是您所提供的範例語句內容。

- List:定義為清單和子清單階層的實體。例如,裝置清單可能包含燈和電風扇的子清單。針對每個清單項目,您可指定同義字,例如照明和風扇。

- RegEx:定義為「正規表示式」的實體可描述文字模式;例如,可將 01-2345-6789 格式的電話號碼定義如下模式:[0-9]{2}-[0-9]{4}-[0-9]{4}。

- Pattern.any:搭配「模式」的實體,用以定義不容易從範例語句中擷取的複雜實體。

四. 定型模型

定義完模型中的意圖和實體,並包含一組適當的範例語句後,下一個步驟就是定型模型。定型是使用範例語句,來教導模型比對使用者可能表述的意圖和實體。

定型模型之後,即可輸入文字並檢查預測的意圖是否正確,來測試模型。定型與測試是一種反覆進行的程序。將模型定型之後,您可使用範例語句來測試模型,以查看是否能正確辨識意圖和實體。如果不正確,則修正、重新定型並再次測試。

五. 預測(發佈)

訓練和測試結果滿意之後,可以將對話語言理解應用程序發佈到預測資源中以供使用。(也就是發佈以提供給用戶端應用程式呼叫)

用戶端應用程式可連線到預測資源端點，配合適當的驗證金鑰來使用模型，等待使用者輸入，以取得預測的意圖和實體。預測結果會傳回用戶端應用程式，用戶端應用程式再根據預測的意圖來採取適當動作。

六. 對話式 Language Understanding 應用程式

在 Microsoft Azure 中，Language Understanding 服務可讓開發人員根據語言模型來建置應用程式，這些模型可使用相對較少的樣本數進行訓練，再讓應用程式使用此模型從自然語言中擷取語義，以辨別使用者想表達的意思。此對話式 Language Understanding 應用程式最普遍的應用，就是手機應用程式中的數位助理。

8.5　Azure 機器人服務

在現今的萬物皆可以相互連線的世界中，人們會使用各種不同的技術來進行通訊。例如：

- 語音通話
- 訊息服務
- 線上聊天應用程式
- 電子郵件
- 社交媒體平台
- 共同作業工作平台

我們已習慣無所不在的連線，因而希望與我們往來的組織也可以透過已有的通道，輕易聯繫並立即回應。此外，也希望這些組織能夠個別與我們互動，且能夠在個人層級回答複雜的問題。

一. 對話式 AI

許多企業都會發佈支援資訊和常見問題 (FAQ) 的問答集，供用戶透過網頁瀏覽器或特定應用程式加以存取。但通常用戶不容易使用此管道來找出特定問題的答案，所以會轉向客服人員求助。導致企業常會發現其支援人員的工作量過大，因為有許多人透過電話、電子郵件、文字訊息、社交媒體和其他管道要求協助。

因此，企業逐漸轉而尋求採用 AI 代理程式的人工智慧 (AI) 解決方案 (通常為 Bot)，透過各類常用的通訊管道提供第一線自動化支援。Bot 能夠以交談方式與用戶者互動，如右圖聊天情境案例所示：

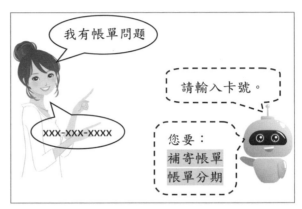

> **Tips**　此處聊天範例可應用於網站、Line、Facebook Messenger...應用程式，與您在網站上看到的介面相仿；但 Bot 可以設計成跨多個通道工作，包括電子郵件、社交媒體平台，甚至語音通話。無論使用何種通道，Bot 通常會搭配使用自然語言，以及可引導使用者採用某種解決方案的有限選項回應，來管理交談流程。

交談通常會採用輪流互換訊息的形式進行，一問一答是最常見的交談類型。此模式形成了許多使用者支援 Bot 的基礎，且通常會以現有的常見問題集文件為基礎。若要實作這種解決方案，您需要：

● 問答配對的知識庫 – 通常具有內建的自然語言處理模型，能夠讓採用多種用語的問題，可用相同的語意來理解。

● Bot Service –提供可透過一個或多個通道連線至知識庫的介面。

二.「語言服務」與「Azure 機器人服務」

可以結合使用「語言服務」與「Azure 機器人服務」兩種核心服務,在 Microsoft Azure 上輕鬆創建用戶服務的機器人解決方案:

● 語言服務–藉助包括自定義問題解答功能的語言服務,可以創建使用自然語言輸入查詢的問答組知識庫。

● Azure 機器人服務–此服務提供在 Azure 上開發、發佈及管理 Bot 的架構。

8.6 Language Understanding 開發實作

8.6.1 LUIS 開發步驟

Language Understanding (LUIS,語言理解) 是一種雲端交談的 AI 服務,開發人員可以提供自行設定的意圖、實體與範例語句,再透過機器學習套用至自然語言或使用者對話中,進而預測或理解該語言的意義。LUIS 開發步驟如下:

Step 01 前往 Azure 申請 LUIS 語言理解服務。

Step 02 前往 LUIS 入口網站 (https://www.luis.ai/) 建立 LUIS App 專案，並
設定意圖、實體與範例語句列表清單，最後進行訓練與發佈 LUIS
App 服務。

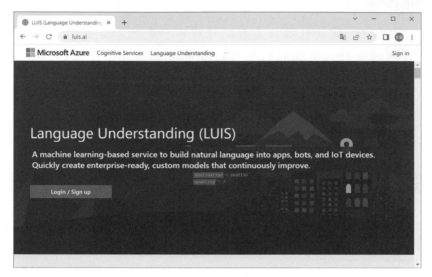

Step 03 將發問問題以 REST API 或 SDK 方式傳送到 LUIS App 服務，並將
語言預測與理解的結果顯示於控制項中

8.6.2 建立 LUIS App 服務

欲建立 LUIS 應用程式，首先需在 Azure 上建立 LUIS 語言理解服務，
接著透過 LUIS 入口網站建立 LUIS App 專案，並在此 AUIS App 中訓練語
句的意圖、實體與範例語句。

一. 建立 LUIS 服務

前往 Azure 申請名稱「luisAppServices」的 LUIS 語言理解服務。步驟
如下：

點選「理言理解」服務
(Language Understanding)

指定資源群組
(若無資源群組可按 [新建]
重新建立)

指定 LUIS 服務名稱
「luisAppServices」

完成 LUIS 服務建立之後，接著下一步驟即前往 LUIS 入口網站建立 LUIS App 專案，並將該專案與上述 LUIS 服務連接。

二. 建立 LUIS App 專案

此步驟建立 LUIS App 專案,用來處理客戶點餐與客戶投訴的語言理解。步驟如下:

Step 01 ` 前往 LUIS 入口網站(https://www.luis.ai/),按 `Login / Sign up` 鈕由出現網頁輸入帳密並登入網站:

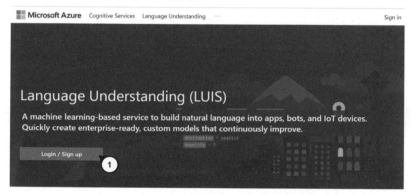

Step 02 ` 登入後請指定 LUIS 服務的創作資源 (authoring resource)。前面已建立「luisAppServices」服務,故此處可選擇「luisAppServices-Authoring」創作資源。

Step 03 建立 LUIS App 專案,專案名稱為「OrderService」,此專案用來處理點餐服務與客戶投訴語言理解。

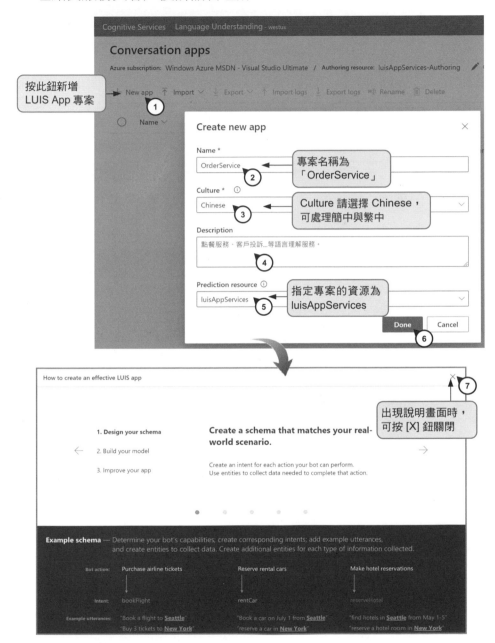

接著請點選「Intents」，在 Intents 畫面預設會出現 None，None 是系統預設的，主要用來識別無法理解語言。

Step 04 建立「客戶點餐」意圖 (Intent)、此意圖有「餐點」和「飲料」兩個實體「Entity」，同時建立範例語句。步驟如下：

1. 依下圖操作建立「客戶點餐」意圖。

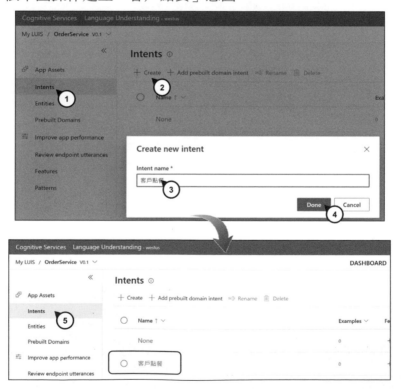

2. 依下圖操作建立「餐點」實體。「Type」(實體類型) 請選擇「Machine learned」，表示依所提供的範例語句內容進行機器學習訓練實體。

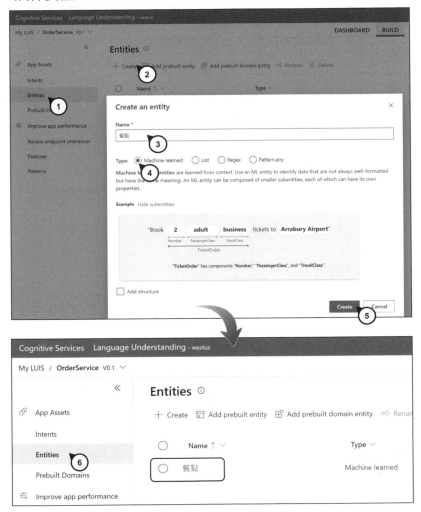

3. 重複上述操作建立「飲料」實體。結果如下圖會有「餐點」與「飲料」兩個實體。

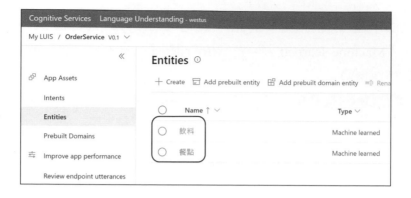

4. 依下圖操作，為客戶點餐意圖加入「餐點」與「飲料」兩個實體。

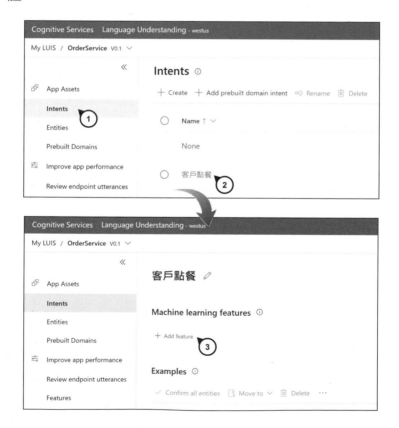

在上圖「客戶點餐」意圖畫面，點選 [+Add feature] 由出現的清單中選取「餐點」實體。

重複上述操作建立「飲料」實體。結果如下圖「客戶點餐」意圖
會有「餐點」與「飲料」兩個實體。

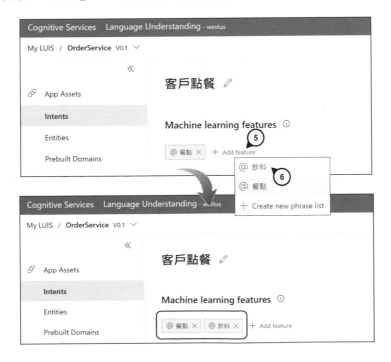

5. 為「客戶點餐」意圖輸入範例語句，例如下圖輸入「老闆，我要鱈魚堡一份」，輸入完成按 Enter 鍵即可。

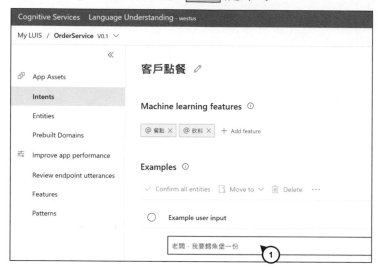

繼續輸入與「客戶點餐」意圖有關的範例語句 5~6 句。

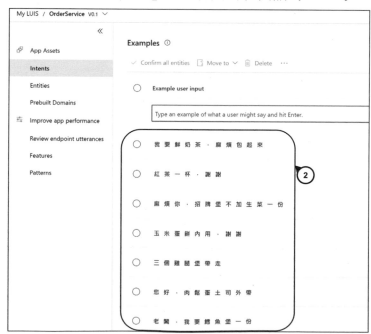

6. 指定範例語句中的實體。如下圖使用滑鼠將語句中「鮮奶茶」選取，接著選取清單中的飲料，表示設定此語句的「鮮奶茶」為「飲料」實體。

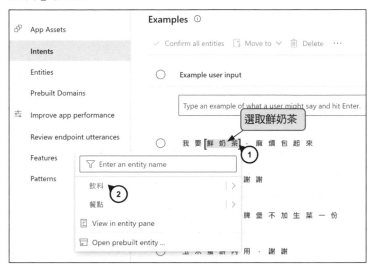

如下圖繼續設定範例語句中的「招牌堡」為「餐點」實體。

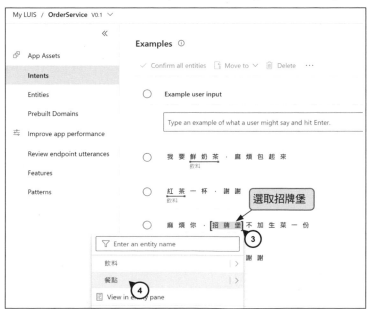

如下圖設定「客戶點餐」意圖中範例語句的「餐點」與「飲料」實體。

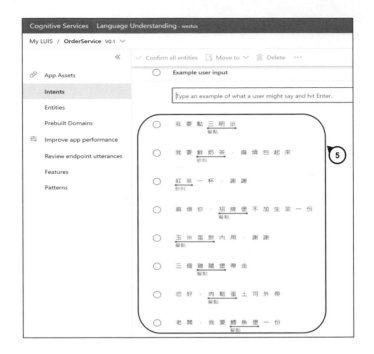

Step 05 依 Step04 步驟建立「客戶投訴」意圖 (Intent)、此意圖有「環境衛生」、「用餐服務」和「餐點味道」三個實體 (Entity)，同時為「客戶投訴」意圖建立範例語句。

1. 新增「客戶投訴」意圖。

2. 新增「環境衛生」、「用餐服務」、「餐點味道」實體。

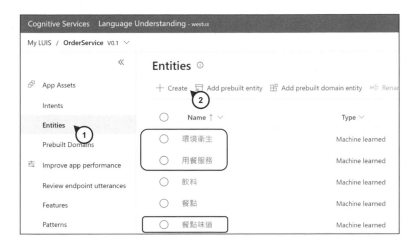

3. 如下圖,進入「客戶投訴」意圖畫面,並在此意圖加入「環境衛生」、「用餐服務」和「餐點味道」三個實體,接著輸入「客戶投訴」意圖範例語句 5~6 句,最後再設定範例語句中的實體。

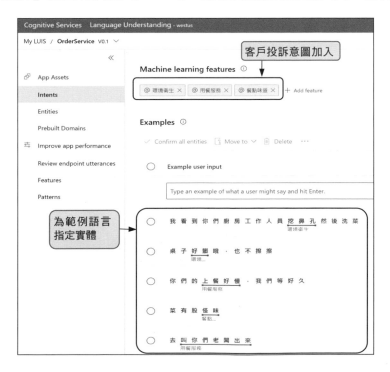

三. 訓練、測試與發佈 LUIS 服務

　　LUIS 服務建置完成後可先進行訓練與測試，測試無誤之後可進行發佈以讓開發人員呼叫使用。

Step 01 ` 訓練與測試 LUIS 服務

1. 先點選 [⚙ Train] 鈕訓練，再點選 [⚗ Test] 鈕進行測試。

2. 接著出現「Test」畫面，請在文字欄處輸入客戶投訴範例語句「叫經理出來」，結果發現此語句的意圖為「None」，其分數為0.332；而客戶投訴意圖分數只有 0.029，因此可將此語句加入客戶投訴意圖中。操作如下圖：

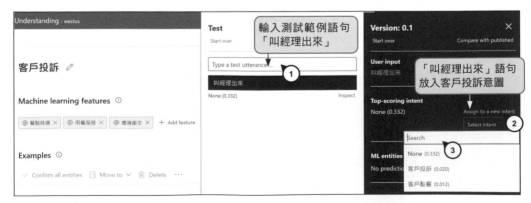

3. 將「叫經理出來」範例語句設為「用餐服務」實體，再點選
   [⚙ Train] 鈕和 [🔬 Test] 鈕進行訓練與測試。操作如下圖：

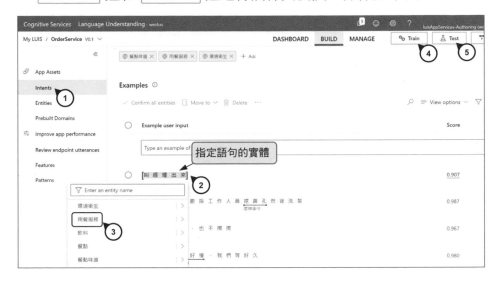

4. 由出現「Test」畫面輸入範例語句「什麼態度、去叫經理」、「叫
   經理出來」和「叫你們經理出來」，結果發現上述語句皆能被辨
   識為客戶投訴意圖，且分數超過 0.8 以上。

本例 LUIS 設定的意圖、實體與範例語句僅為測試和教學性質，可能
不符合實際應用情況。

因此建議 LUIS 中的意圖、實體與範例語句，可由專業的客服人員或
具有相關領域知識者協助，讓搜集資料更能貼近真實使用情況。

Step 02 發佈 LUIS 服務

1. 如下圖按 [⬆ Publish] 鈕發佈 LUIS 服務供開發人員使用。

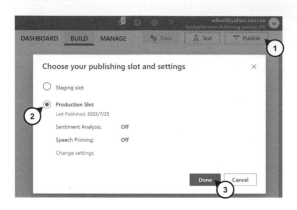

2. 如下圖操作進入 Azure Resources 的「Prediction Resoures」畫面，將 LUIS 的查詢網址複製起來，此查詢網址內含 LUIS 服務的端點、金鑰與查詢問題 (query)。

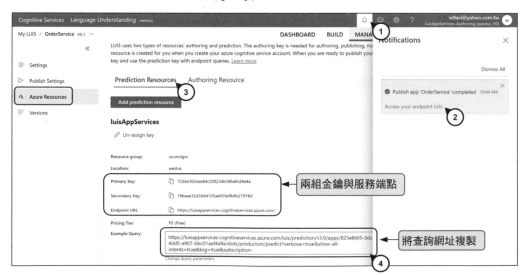

3. 查詢網址中的 query 即為要查詢的問題，格式如下：

https://luisappservices.cognitiveservices.azure.com/luis/prediction/v3.0/apps/825e8665-
0dc4-4dd5-a907-bbc01aef4a9a/slots/production/predict?verbose=true&show-all-
intents=true&log=true&subscription-key=7236e30c6ee84c209234b346a8cd4e4a&
query=YOUR_QUERY_HERE

請將 query 參數值設為「老闆，給我招牌堡」並進行連結，結果瀏
覽器以 JSON 格式出現語言理解結果 (含意圖和實體)。

https://luisappservices.cognitiveservices.azure.com/luis/prediction/v3.0/apps/825e8665-
0dc4-4dd5-a907-bbc01aef4a9a/slots/production/predict?verbose=true&show-all-
intents=true&log=true&subscription-
key=7236e30c6ee84c209234b346a8cd4e4a&query=老闆，給我招牌堡

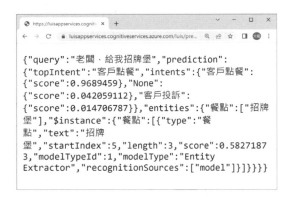

8.6.3 呼叫 LUIS 服務(一)-取得語言理解 JSON 字串

⬇ 範例：LUIS01.sln

呼叫上節建立 LUIS 服務。在「發問」文字方塊中輸入餐飲服務相關問
題並按下 傳送 鈕，此時會依發問的問題回應語言理解結果 (含客戶
點餐或客戶投訴的意圖)，此結果以 JSON 格式顯示於多行文字方塊。

執行結果

⊛ 客戶點餐意圖以 JSON 顯示

⊛ 客戶投訴意圖以 JSON 顯示

操作步驟

Step 01˙ 建立表單輸出入介面：

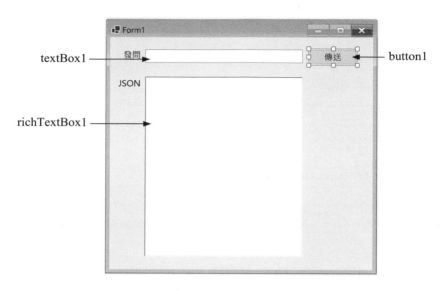

textBox1 → 發問

button1

richTextBox1 →

JSON

Step 02　撰寫程式碼

程式碼 FileName:Form1.cs

```
01 namespace LUIS01
02 {
03     public partial class Form1 : Form
04     {
05         public Form1()
06         {
07             InitializeComponent();
08         }
09         // 建立 GetLUISResult() 方法依 question 問題傳回語言理解結果
10         static async Task<string> GetLUISResult(string question)
11         {
12             // 建立 request 請求
13             var client = new HttpClient();
14             var request = new HttpRequestMessage();
15             // 採用 Get 傳送方式
16             request.Method = HttpMethod.Get;
17             string url = $"https://luisappservices.cognitiveservices.
azure.com/luis/prediction/v3.0/apps/825e8665-0dc4-4dd5-a907-
bbc01aef4a9a/slots/production/predict?verbose=true&show-all-
intents=true&log=true&subscription-
key=7236e30c6ee84c209234b346a8cd4e4a&query={question}";
18             request.RequestUri = new Uri(url);
```

```
19          // 發送請求並取得回應，即取得語言理解結果
20          HttpResponseMessage response =
                await client.SendAsync(request).ConfigureAwait(false);
21          // 取得語言理解結果並以 json 字串呈現
22          return  await response.Content.ReadAsStringAsync();
23      }
24      private async void button1_Click(object sender, EventArgs e)
25      {
26          if (textBox1.Text == "")
27          {
28              MessageBox.Show("請輸入問題");
29              return;
30          }
31          richTextBox1.Text =await GetLUISResult(textBox1.Text);
32      }
33    }
34 }
```

Q 説明

1. 第 17 行：此查詢網址含 LUIS 服務的端點、金鑰與查詢問題，請讀者自
   行申請後填入。

8.6.4 呼叫 LUIS 服務(二)-解析語言理解

LUIS 服務傳回的語言理解 JSON 內容過於複雜，因此 LUIS02 範例另
外安裝 Microsoft.Bot.Builder.AI.Luis 套件進行解析 JSON 內容，以方便取得
語言理解的意圖、實體或實體代表內容。

⬇ 範例：LUIS02.sln

呼叫上節建立 LUIS 服務。在「發問」文字方塊中輸入餐飲服務相關問
題並按下 ＿傳送＿ 鈕，此時 JSON 多行文字方塊會以 JSON 格式顯示語
言理解的結果，而語言理解文字方塊會顯示意圖、實體、實體內容，以
及應該回應的內容。

執行結果

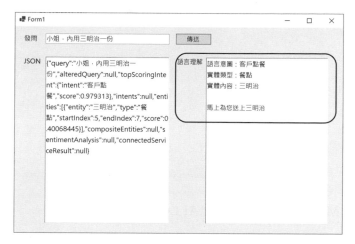

▲ 進行三明治點餐，結果顯示「馬上為您送上三明治」

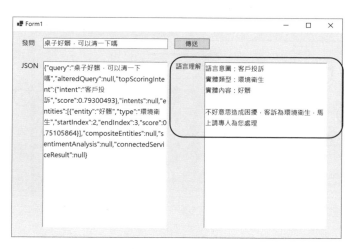

▲ 進行客訴，結果顯示
「不好意思造成困擾，客訴為環境衛生，馬上請專人為您處理」

操作步驟

Step 01　建立表單輸出入介面：

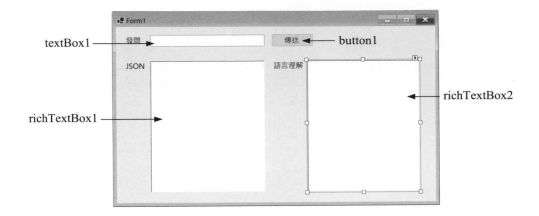

Step 02 安裝 Microsoft.Bot.Builder.AI.Luis 套件：

在方案總管的「相依性」按滑鼠右鍵執行【管理 NuGet 套件 (N)】，再依如下操作安裝「Microsoft.Bot.Builder.AI.Luis」套件。

Step 03 使用 Microsoft.Bot.Builder.AI.Luis 套件的 LUISRuntimeClient 物件要指定 LUIS AppID、服務端點和服務金鑰才能解析語言理解的內容,請依下圖操作取得 LUIS AppID、服務端點和服務金鑰。

1. 前往 LUIS 入口網站 (https://www.luis.ai/) 並登入網站。

2. 如下操作取得前面建立「OrderService」LUIS 專案的 LUIS App ID。

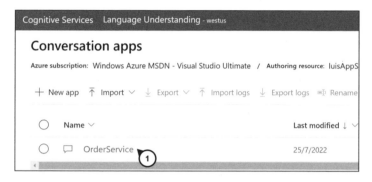

3. 依下圖操作取得前面建立「OrderService」LUIS 專案的服務端點與金鑰。(金鑰有 Primary Key 和 Secondary Key,使用任一組即可。)

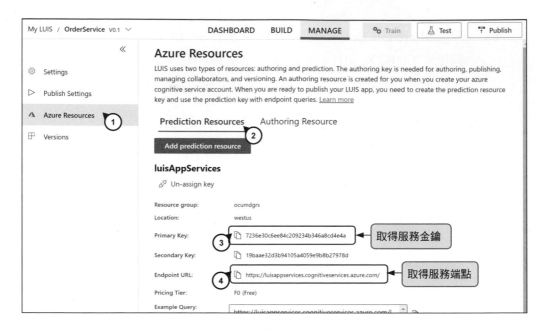

Step 04 撰寫程式碼

程式碼 FileName:Form1.cs

```
01 using Newtonsoft.Json;
02 using Microsoft.Azure.CognitiveServices.Language.LUIS.Runtime;
03 using Microsoft.Azure.CognitiveServices.Language.LUIS.Runtime.Models;
04
05 namespace LUIS02
06 {
07     public partial class Form1 : Form
08     {
09         public Form1()
10         {
11             InitializeComponent();
12         }
13
14         private async void button1_Click(object sender, EventArgs e)
15         {
16             if (textBox1.Text == "")
17             {
18                 MessageBox.Show("請輸入問題");
19                 return;
```

```
20              }
21
22      try
23      {
24          // 宣告變數存放 LUIS 的 AppId、金鑰與服務端點
25          string luisUrl, luisKey, luisAppId;
26          luisAppId = "LUIS APP ID";
27          luisKey = "LUIS 服務金鑰";
28          luisUrl = "LUIS 服務端點";
29          // 建立 lUISRuntimeClient 並指定金鑰與服務端點
30          LUISRuntimeClient lUISRuntimeClient =
                  new LUISRuntimeClient(
                  new ApiKeyServiceClientCredentials(luisKey),
31                new System.Net.Http.DelegatingHandler[] { });
32          lUISRuntimeClient.Endpoint = luisUrl;
33          // 建立 prediction 物件使用 lUISRuntimeClient 語言理解服務
34          Prediction prediction=new Prediction(lUISRuntimeClient);
35          // 呼叫 ResolveAsync 方法並指定 LUIS 的 AppId 與發問問題
36          // 傳回 luisResult 物件，此物件內含語言理解的資訊
37          LuisResult luisResult = await prediction.ResolveAsync
                  (appId: luisAppId, query: textBox1.Text);
38          // 將 luisResult 物件轉成 JSON 字串並顯示於 richTextBox1
39          richTextBox1.Text =
                  JsonConvert.SerializeObject(luisResult);
40
41          // 判斷意圖是否為 None
42          if (luisResult.TopScoringIntent.Intent == "None")
43          {
44              MessageBox.Show("無法理解");
45              return;
46          }
47          else
48          {
49              string result =
                      $"語言意圖：{luisResult.TopScoringIntent.Intent}\n"+
                      $"實體類型：{luisResult.Entities[0].Type}\n" +
                      $"實體內容：{luisResult.Entities[0].Entity}\n\n"  ;
```

50	if (luisResult.TopScoringIntent.Intent == "客戶點餐")
51	{
52	result+=$"馬上為您送上{luisResult.Entities[0].Entity}";
53	}
54	else if(luisResult.TopScoringIntent.Intent=="客戶投訴")
55	{
56	result += $"不好意思造成困擾，客訴為{luisResult.Entities[0].Type}，馬上請專人為您處理";
57	}
58	richTextBox2.Text = result;
59	}
60	}catch (Exception ex)
61	{
62	MessageBox.Show("無法理解，請洽系統服務諮詢");
63	}
64	
65	}
66	}
67	}

☌ 説明

1. 第 26-28 行：指定 Step03 的 App ID、服務金鑰和服務端點。

2. 第 50-58 行：依語言理解回應的客戶餐點或客戶投訴的意圖，給予不同的回應。

8.7 模擬試題

 題目(一)

您正在建置一個使用語言理解 (LUIS) 應用程式，供音樂季使用。該程式能夠接受用戶查詢節目資訊，例如：「目前節目的表演團體？」，請問這個問句是對話語言理解的哪個核心概念？

① 實體　② 意圖　③ 言語　④ 領域

題目(二)

您想要使用 Azure 開發一個聊天機器人。您應該使用哪種服務來理解用戶的意圖？ ① 語音 ② 語言理解(LUIS) ③ 翻譯 ④ QnA Maker

題目(三)

您要使用 Azure 對話語言理解，來建立新的語言理解應用程式。您應該使用哪種資源？ ① 語言服務 ② 認知服務 ③ 自定義語言服務

題目(四)

您正在創作一個對話語言理解應用程式，您希望使用者能夠查詢到指定城市目前的時間，例如「倫敦現在幾點？」您應該怎麼做？
① 建立每個城市的意圖，且每個意圖都包含詢問該城市時間的表達。
② 定義「城市」實體以及包含指示城市意圖表達的 "GetTime" 意圖。
③ 將「城市現在幾點」的表達新增至 "None" 意圖。

題目(五)

您已發佈對話語言理解應用程式。用戶端應用程式開發人員取得預測需要哪些資訊？
① 應用程式預測資源的端點和金鑰
② 應用程式製作資源的端點和金鑰
③ 發行 Language Understanding 應用程式之使用者的 Azure 認證

題目(六)

您被主管要求在最短時間內，將公司現有的常見問題集 (FAQ)，製作成對話式 AI，您應該怎麼做？
① 建立空的知識庫，然後直接部署。
② 建立空的知識庫，然後將現有的常見問題集文件匯入。
③ 建立空的知識庫，然後手動複製並貼上常見問題項目。

題目(七)

您想要為 Bot Service 建立知識庫。您必需使用哪種服務？

① Azure Bot　② 交談語言理解　③ 問題解答

 題目(八)

您要建立在公司內部使用的支援 Bot。有些同事習慣使用 Microsoft Teams 將問題提交給 Bot，有些同事則想要使用內部網站上的網路聊天介面。您應該怎麼做？

① 建立知識庫。然後，建立兩個使用相同知識庫的 Bot，一個 Bot 連線至 Microsoft Teams 通道，另一個連線至 Web Chat 通道。

② 建立兩個具有相同問答組的知識庫。然後，為這兩個知識庫分別建立一個 Bot，一個連線至 Microsoft Teams 通道，另一個則連線至 Web Chat 通道。

③ 建立知識庫。然後，建立知識庫的 Bot，並且為 Bot 連接 Web Chat 和 Microsoft Teams 通道。

 題目(九)

下列哪一個敘述是正確的？

① 您可以使用 QnA Maker 查詢 Azure SQL 資料庫。

② 當您想讓知識庫為詢問相似問題時，提供相同的答案時，您應該使用 QnA Maker。

③ QnA Maker 服務可以確定使用者話語的意圖。

 題目(十)

使用者可輸入問題與系統作互動，需要人工智慧系統的哪種模組？

① 交談式 AI　② 異常偵測　③ 預測

探索自然語言處理 (三)語音與翻譯

9.1　語音辨識與語音合成

近年來，由於各大軟體公司先後推出人工智慧的開發平台，人工智慧不再是大企業所壟斷的領域，每個人都可以按照自身的需求，開發客製化的人工智慧應用程式。從此之後，對話式 AI 進入了百家爭鳴的新世代。

如今人工智慧能夠提供我們更安全、便利的生活。例如：當我們要出門時，跟數位助理說「我要出門了。」，數位助理會回答「請加快腳步，公車一分鐘後到站。」，隨後會自動關閉照明設備及音響。為了實現這種人機互動，AI 系統必須支援下列兩種功能：

- 語音辨識：偵測及解譯語音輸入的功能。
- 語音合成：產生語音輸出的功能。

一. 語音辨識

語音辨識是指 AI 系統接受語音資料後，將其轉換成可處理的資料，這項作業通常是將語音資料轉譯成文字。

　　語音資料可以是音訊檔案中所錄製的語音，或是來自麥克風的即時音訊，AI 系統會分析音訊資料並轉譯成單字。音訊辨識時，語言服務通常使用下列兩種類型的模型來進行：

- 「原音」模型：可以將音訊轉換成音素 (特定聲音的表示法)。

- 「語言」模型：可以將音素對應到單字，通常會使用統計演算法，根據音素預測出最可能的單字序列。

語音辨識後所產生的文檔，您可將其用於各種用途，例如：

- 為影片提供字幕。

- 建立通話或會議的逐字稿。

- 自動化筆記聽寫。

- 演講時的內容轉譯成字幕。

　　以下有一個語音轉換成的文字示範網站。請開啟瀏覽器並前往 https://azure.microsoft.com/zh-tw/services/cognitive-services/speech-to-text/#features，執行 Microsoft Azure 語音轉換文字的範例。

　　在網頁上第一次按 🎤說話 按鈕時，瀏覽器會詢問「是否允許 azure.microsoft.com 網站使用您的麥克風」，請點按 允許 鈕開放麥克風權限。

使用時先按  按鈕,再對著麥克風說話,此時語音服務會同步顯示辨識的文字,若想要結束測試,則可按 按鈕,系統會顯示「已完成語音辨識」,並結束語音服務。

若有預錄好的 wav 音訊檔,則可以按 按鈕,將檔案上傳,交由語音服務來辨識。

二. 語音合成

語音合成與語音辨識相反,是將文字轉換為語音。要進行語音合成,需要下列資訊:

● 文字:要說出的內文。
● 語言:用來說話的語音。

語音合成的輸出可以用於許多用途，包括：

- 產生使用者詢問問題的語音回答。
- 電話總機系統的語音功能表。
- 大聲朗誦出電子郵件或簡訊。
- 公共場所之廣播通知。

以下有一個文字轉換成語音的示範網站。請開啟瀏覽器並前往 https://azure.microsoft.com/zh-tw/services/cognitive-services/text-to-speech/#overview，執行 Microsoft Azure 文字轉換語音的範例。

文字轉換語音會使用人工智慧，將文字轉換成模擬人類發音的語音。這項服務可在許多平台上運作，而且能夠使用各種不同的語音和語言，包括區域性和性別化的語音。您也可以設定語音的樣式、語音的速度和音調來建立獨特的自訂語音。操作方式：右側操作介面上的下拉式選單，就可以調整這些細節。左側的文字輸入方塊中，可輸入任何的文字，按下 ▷ 播放 即可試聽效果。

切換成 SSML 標籤頁可以直接控制語音的輸出。

SSML：SSML (語音合成標記語言) 用來支援語音合成，是以 XML 為基礎的標記語言。開發人員使用 SSML 語法，可以微調合成語音輸出的音調、速度、發音、音量 ... 等條件。

9.2 語音服務功能介紹

若要建置可解譯語音並適當回應的應用程式，可以使用「語音認知服務」。因為，語音認知服務同時支援了將口語轉譯成文字，以及語音合成這兩種功能。

Microsoft Azure 語音認知服務，提供如下應用程式開發介面 (API)：

- 語音轉換文字 API
- 文字轉換語音 API

9.2.1 語音轉換文字 API

使用語音轉換文字 API 可以將音訊即時，或批次轉譯成文字格式。音訊來源可以是來自麥克風，或是音訊檔案等音訊串流。

語音轉換文字 API 所使用模型，是以 Microsoft 定型的通用語言模型為基礎。此模型的資料為 Microsoft 所擁有，且已部署至 Microsoft Azure。此模型已經針對交談和聽寫這兩個功能進行優化處理。

如果 Microsoft 預先建立的模型不能符合您的需求，也可以建立自己的自訂模型。自訂模型可量身打造您的語音辨識模型，讓語音辨識模型瞭解指定產業專屬的術語，並克服如背景雜訊或口音等的辨識障礙。

語音轉換文字的服務項目如下：

- 標準聽寫：標準聽寫可將音訊串流即時轉譯為文字，目前這項服務可轉錄為 90 種以上的語言和方言。

- 批次聽寫：批次聽寫可以批次聽寫一個或多個音訊檔案。

- 自訂語音：自訂語音可使用自己的音訊檔案來訓練和測試模型，藉此評估及改善語音轉換成文字的精確度。

- 發言者識別：發言者識別能夠在聽寫過程中，聽寫內容並標識出說話者身分。

- 自動語言偵測：自動語言偵測可根據語言清單 (目前適用於 30 種以上的語言)，判斷出音訊中最有可能使用的語言。語言偵測每次最多可以偵測四種語言，讓語音轉換文字服務可以提供更精確的聽寫結果。

- 發音評量：發音評量會評估語音發音，並提出精確度、流暢度、完整性和發音等各種評量參數，作為意見回饋，供語言學習者得知改進方向，據此來練習其口說能力。

- 連續辨識功能：當想要控制語音轉換文字該在何時停止轉錄時，會使用到連續辨識功能。在連續辨識模式會解讀語句結構中的文字描述，例如標點符號。舉例來說，如果語音內容是「今年左括弧 111年右括弧」，系統則會轉換成「今年 (111 年)」文字。

- 不雅內容篩選器：不雅內容篩選器能以星號替代、完全移除或標記為「不雅內容」等方式，來遮蓋不雅的內容。

9.2.2 文字轉換語音 API

文字轉換語音 API 可將文字輸入轉換成語音，再透過電腦喇叭直接播放或儲存成音訊檔案。此外，還可以取得臉部姿勢事件和臉部位置資訊，

能在應用程式中建立虛擬臉部的動畫。這項功能可為應用程式新增更多互動,以及透過唇語功能與聽障人士進行溝通。

當使用文字轉換語音 API 時,可指定要用來說出文字的語音種類。目前可指定為以下三類語音:

● 標準語音:標準語音是最類似人聲,也是最簡單且最符合成本效益的語音類型。

● 神經語音:神經語音是一種新類型的合成語音。使用標準語音,再加上類神經網路來調整語音合成中音調的部分,增加強調和詞形變化的能力,進而產生更自然的發音。

● 自訂神經語音 - 自訂神經語音可使用您自己的音訊資料,來建立獨一無二的自訂合成語音。

9.3 文字翻譯

在全球化浪潮下,客戶可能來自世界上任何角落上的人員,或需要與不同文化背景的人或組織進行共同作業。所以,排除語言、文化障礙已經成為重大的課題。

解決方案之一是找到雙語,甚至是多語人才來為雙方翻譯。但是,具備此種技能及可能語言組合的人才甚為稀少,使得這種方法可行性不高。為解決此問題,使用可自動化翻譯的「翻譯機器人」,是更為適當的解決方案。

Microsoft Azure 提供自動化翻譯功能,可將 A 語言翻譯成 B 語言、C 語言 … 等不同語言。如此一來,便可以掃除語言隔閡,降低溝通的門檻,開啟更緊密的共同作業。

9.3.1 直譯與意譯

翻譯通常可分為兩種方法，那就是「直譯」和「意譯」。直譯就是將每個單字翻譯成目標語言中的對應字詞，早期自動化翻譯都是使用「直譯」式。這種方法會產生一些問題，例如：逐字翻譯雖然保留原本句子的結構，但可能會翻譯成「中式外文」，甚至出現前後文互相矛盾的句子，導至語意不明，而無法理解原文的意思。

至於「意譯」則是以表達句子的含意為主要目的。舉例來說 "The scholar may be better than the master."，以直譯的方式可以翻成「學者可能比大師更好。」；但用意譯的方式，則翻成「青出於藍，而勝於藍。」會更為貼切。

現今在人工智慧系統的輔助下，自動化翻譯儘量朝向「意譯」的方向發展。要做到意譯，系統不僅必須要認識單字，還要能夠了解單字與單字組合後的「語義」、文法規則、正式與非正式用法和口語，都要一併考慮在內。如此，才能將所輸入的句子，翻譯成更精確的譯文。

9.3.2 文字和語音翻譯

「文字翻譯」可將文件翻譯成另一種語言，例如：翻譯來自外國上游廠商所撰寫的技術手冊、電子郵件、或是國際新聞。特別是現在瀏覽器或社群軟體，當所顯示的內文不是預設語言的文字時，都會很貼心的跳出對話框，詢問是否要翻譯成預設語言文字。

「語音翻譯」可用來翻譯口說的語言，能將語音直接翻譯成另一種語音，或是將語音翻譯成其他語言的文字檔。

以下示範網站，請開啟瀏覽器並前往 https://www.bing.com/translator，執行 Bing 搜尋引擎的文字翻譯網頁。

在文字翻譯網頁左側的文字方塊中輸入要翻譯的文本,如果選擇自動偵測,「翻譯機器人」會嘗試自動判定語言,翻譯後的文字會顯示在右側的文字方塊中。

9.4 翻譯服務功能介紹

Microsoft Azure 提供支援翻譯的認知服務,可以使用下列服務:

● 「翻譯」服務,執行文字到文字的翻譯。

● 「語音」服務,執行語音轉換文字或語音轉換語音的翻譯。

翻譯服務可以輕鬆的整合到您的應用程序、網站、工具或專案中。目前機器翻譯的主要技術有兩種,較早期的技術是統計式機器翻譯 (Statistical Machine Translation,SMT),較新的技術則是類神經機器翻譯 (Neural Machine Translation,NMT)。SMT 採用先進的統計分析方法,根據句子的

情境，估計出整個段落的最佳可能譯文。至於 NMT 還會分析字詞的語義內容，並考慮字詞的前後文的組合，一直到整個句子的上下文，轉譯出更精確且完整的翻譯結果。

SMT 和 NMT 翻譯技術都有兩個共同點：

● 兩者都需要藉由大量的翻譯內容來訓練系統，以便產生出更廣義的模型。

● 不作雙語對照詞典，而是根據可能的翻譯清單翻譯字詞，再根據句子中使用字詞的上下文進行翻譯。

一. 翻譯服務所支援的語言

翻譯服務目前可進行 60 多種語言之間的交叉翻譯。在使用該服務時，必須使用 ISO 639-1 語言代碼指定來源語言和目標語言，例如：en 表示英語、fr 表示法語、zh 表示中文。另外，也可以指定 3166-1 文化地區設定代碼來擴充語言代碼，以指定語言的文化地區設定變體，例如 en-US 代表美式英文、en-GB 代表英式英文，而 fr-CA 則代表加拿大法文。

在使用翻譯服務時，可指定一個來源語言和多個目標語言，從而將來源文字同時翻譯成多種語言。

二. 翻譯設定

翻譯 API 提供了一些可選擇的設定，可以對翻譯結果進行微調，可設定項目包括：

1. **過濾不雅內容**：若無任何設定，服務就會直接翻譯輸入文字，而不會過濾不雅內容。不雅內容的定義通常是視當地風俗文化而定，您可將翻譯的文字標示為用詞不雅或在結果中省略，以控制不雅內容的翻譯。

2. **選擇性翻譯**：您可標記不要翻譯的內容，例如，可以標記出程式碼或品牌名稱不要翻譯。

三. 使用語音服務翻譯語音

語音服務包含下列應用程式開發介面 (API)：

● 語音轉換文字：將音訊來源的語音轉換成文字格式。

● 文字轉換語音：使用文字來源產生語音音訊。

● 語音翻譯：將 A 語言的語音，翻譯成 B 語言的文字或語音。

使用「語音翻譯 API」可以翻譯來自麥克風或音訊檔案等串流來源的語音音訊，並傳回文字或音訊串流的翻譯。這項服務可運用在演講或同步雙向口語交談之場合，顯示翻譯後的即時字幕。

9.5　文字翻譯開發實作

9.5.1 文字翻譯開發步驟

翻譯工具服務中的文字翻譯提供雲端 REST API 功能，文字翻譯是使用類神經機器翻譯技術，可讓開發人員可將來源語言文字，快速正確翻譯成其它語言，例如可將中文同時翻譯成英文、印度文、義大利文或西班牙文 ... 等。可支援翻譯的語言請參閱「https://docs.microsoft.com/zh-tw/azure/ cognitive-services/translator/language-support」網站。文字翻譯開發步驟如下：

Step 01　前往 Azure 申請翻譯工具服務的金鑰 (Key)、端點 (Url) 與服務區域。

Step 02 文字翻譯採 REST API 方式呼叫，故翻譯結果會以 JSON 字串傳回，因此可在專案安裝 Newtonsoft.Json 套件，以利分析 JSON 字串內容。

Step 03 分析 JSON 字串中翻譯的結果，並顯示於控制項中。

9.5.2 文字翻譯範例實作(一)-取得翻譯 JSON 字串

📥 範例：Translator01.sln

程式執行時在「中文」多行文字方塊輸入一段中文文章，再按下 翻譯 鈕進行翻譯。此時「JSON 字串」多行文字方塊會將翻譯結果以 JSON 字串呈現，JSON 的 text 鍵值可顯示英文與日文翻譯的結果。

執行結果

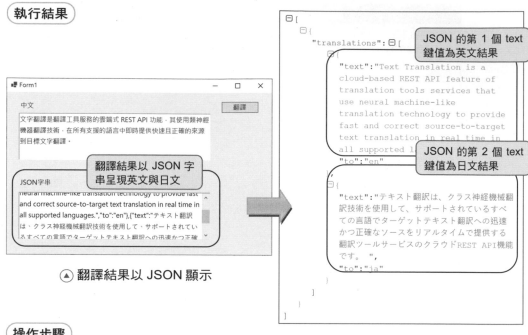

翻譯結果以 JSON 字串呈現英文與日文

▲ 翻譯結果以 JSON 顯示

操作步驟

Step 01 連上 Azure 雲端平台取得翻譯工具服務的金鑰 (Key)、端點 (Url) 與服務區域:

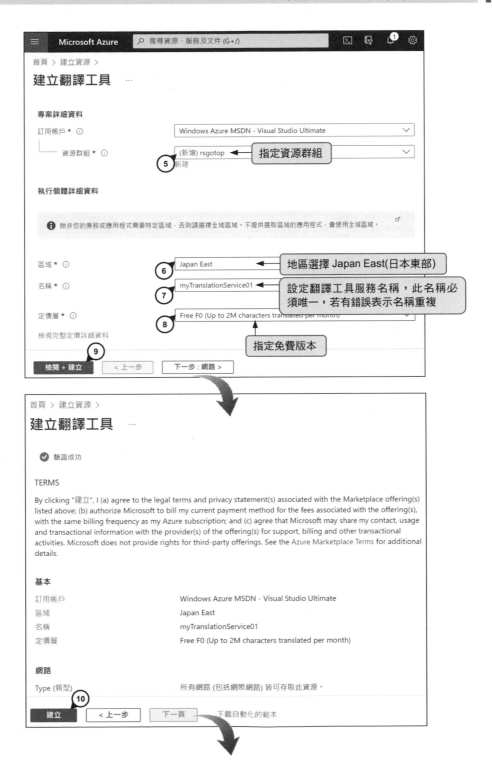

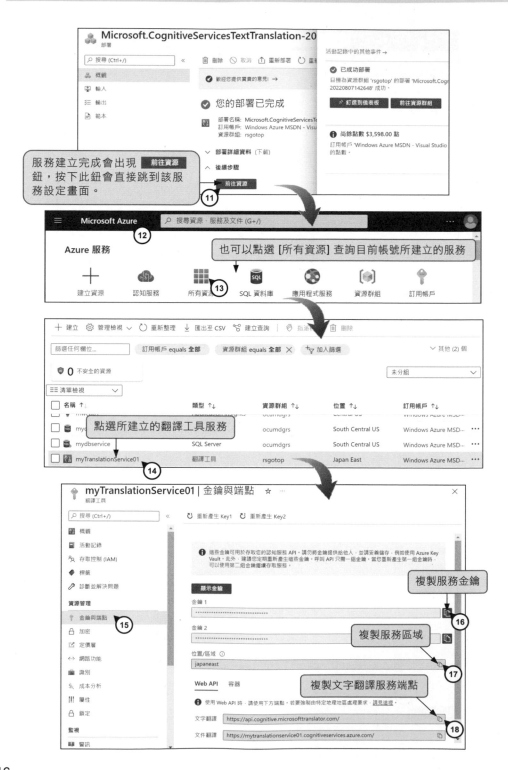

服務建立完成會出現 前往資源 鈕，按下此鈕會直接跳到該服務設定畫面。

也可以點選 [所有資源] 查詢目前帳號所建立的服務

點選所建立的翻譯工具服務

複製服務金鑰

複製服務區域

複製文字翻譯服務端點

上圖的翻譯工具服務中的文字翻譯提供兩組金鑰、一個端點以及服務區域。請使用 鈕將其中一組服務金鑰、端點與服務區域複製到文字檔內，金鑰、端點與服務區域撰寫程式需要使用。

Step 02 建立表單輸出入介面：

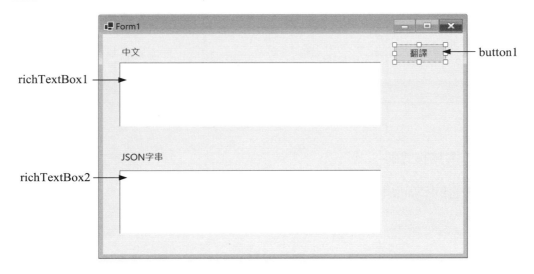

Step 03 安裝解析 JSON 的 Newtonsoft.Json 套件：

在方案總管視窗的「相依性」按滑鼠右鍵執行【管理 NuGet 套件 (N)】，接著依圖示操作安裝「Newtonsoft.Json」套件。

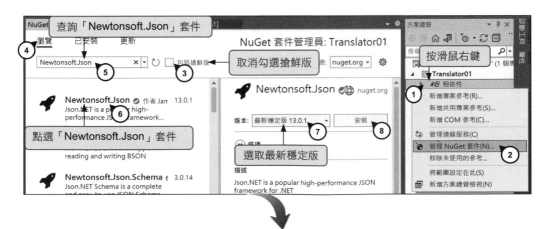

Step **04** 撰寫程式碼

程式碼 FileName:Form1.cs

```
01 using Newtonsoft.Json;
02 using System.Text;
03
04 namespace Translator01
05 {
06     public partial class Form1 : Form
07     {
08         public Form1()
09         {
10             InitializeComponent();
11         }
12
13         // 翻譯靜態方法，翻譯結果以 JSON 字串傳回
14         async Task<string> Translation
                (string apiurl, string apikey, string location, string text)
15         {
16             // 使用 Get 傳送方式指定輸入和輸出語言的參數
17             // from 為輸入語言，此處指定中文
18             // to 為輸出語言，即會翻譯結果語言，此處指定翻譯英文與日文
19             // 若要一次翻譯多種語言可用 & 指定多個 to 輸出語言參數
```

```
20      string route =
            "translate?api-version=3.0&from=zh-hant&to=en&to=ja";
21      string result = "";
22      object[] body = new object[] { new { Text = text } };
23      var requestBody = JsonConvert.SerializeObject(body);
24
25      var client = new HttpClient();
26      var request = new HttpRequestMessage();
27      // 建立 request 請求
28      request.Method = HttpMethod.Post;
29      request.RequestUri = new Uri(apiurl + route);
30      request.Content = new StringContent
            (requestBody, Encoding.UTF8, "application/json");
31      request.Headers.Add("Ocp-Apim-Subscription-Key", apikey);
32      request.Headers.Add("Ocp-Apim-Subscription-Region", location);
33      // 發送請求並取得回應
34      HttpResponseMessage response = await
            client.SendAsync(request).ConfigureAwait(false);
35      // 取得翻譯結果並以 json 字串呈現
36      result = await response.Content.ReadAsStringAsync();
37      return result;
38   }
39
40      private async void button1_Click(object sender, EventArgs e)
41      {
42          if (richTextBox1.Text == "")
43          {
44              MessageBox.Show("請輸入欲翻譯的中文文章");
45              return;
46          }
47          string jsonstr = await Translation
                ("服務端點", "服務金鑰", "服務區域", richTextBox1.Text);
48          richTextBox2.Text = jsonstr;
49      }
50   }
51 }
```

說明

1. 第 1 行：引用 Newtonsoft.Json 命名空間，此命名空間的類別物件可解析 JSON 字串。

2. 第 14-38 行：定義 Translation()文字翻譯非同步方法，此方法可傳入服務端點、金鑰、服務區域和欲進行翻譯的文字內容，此方法可將翻譯結果以 JSON 字串傳回。

3. 第 47 行：呼叫 Translation()方法將 richTextBox1 內的中文內容進行翻譯，最後將翻譯結果指定給 jsonstr 字串變數。本例程式使用的服務端點、金鑰與服務區域請參閱 Step01 步驟。

9.5.3 文字翻譯範例實作(二)-解析翻譯語言結果

📥 **範例**：Translator02.sln

延續上例，編修英文與日文多行文字方塊。在「中文」多行文字方塊輸入一段中文文章，再按下 ⬚翻譯⬚ 鈕，此時會翻譯成英文與日文。

執行結果

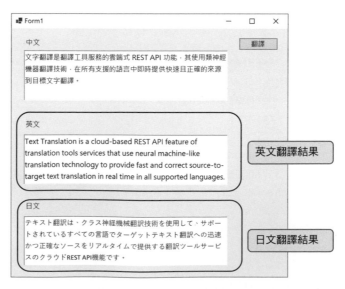

▲ 解析 JSON 內英文與日文翻譯結果並顯示於多行文字方塊中

操作步驟

Step 01 定義 JSON 對應的類別檔：

1. 為了方便解析 JSON 的內容，此處將 JSON 轉成類別物件，以方便存取翻譯後的英文與日文。JSON 是由屬性和值所組成，JSON 的屬性一般稱為鍵 (key)，而值 (value) 即是鍵所對應的內容，即需對應類別與屬性的關係。因此由 JSON 的內容可以發現，該 JSON 有 translations 屬性，其值有兩個子物件。而第一個子物件的 text 屬性值為翻譯後的英文內容，to 屬性值"en"為英文語言代碼；第二個子物件的 text 屬性值為翻譯後的日文內容，to 屬性值"ja"為日文語言代碼。即表示一個翻譯會有兩個語言結果，因此可仿照左圖 JSON 格式，設計成右圖的 Language 類別。

```
[
    {
        "translations":[
            {
                "text":"Text Translation is a
                cloud-based REST API feature of
                translation tools services that
                use neural machine-like
                translation technology to provide
                fast and correct source-to-target
                text translation in real time in
                all supported languages. ",
                "to":"en"
            },
            {
                "text":"テキスト翻訳は、クラス神経機械翻
                訳技術を使用して、サポートされているすべ
                ての言語でターゲットテキスト翻訳への迅速
                かつ正確なソースをリアルタイムで提供する
                翻訳ツールサービスのクラウドREST API機能
                です。 ",
                "to":"ja"
            }
        ]
    }
]
```

```
public class Language
{
    2 個參考
    public List<Info> translations { get; set; }
}
1 個參考
public class Info
{
    2 個參考
    public string text { get; set; }
    0 個參考
    public string to
    {
        get; set;
    }
}
```

⊙ JSON 與類別屬性對應

2. 延續上例，請執行功能表【專案(P) / 加入類別(F)】指定，接著依
圖示操作新增「Language.cs」類別檔。

3. 撰寫「Language.cs」類別檔程式碼。完整程式碼如下：

程式碼 FileName:Form1.cs

```
01 using System;
02 using System.Collections.Generic;
03 using System.Linq;
04 using System.Text;
05 using System.Threading.Tasks;
06
07 namespace Translator01
08 {
09    public class Language
10    {
11       public List<Info> translations{get;set;}//以串列存放多個info翻譯結果
12    }
13    public class Info
14    {
15       public string text { get; set; } //翻譯結果
16       public string to { get; set; }   //語言代碼
17    }
18 }
```

Step 02 編修表單輸出入介面,再加上英文與日文兩個多行文字方塊:

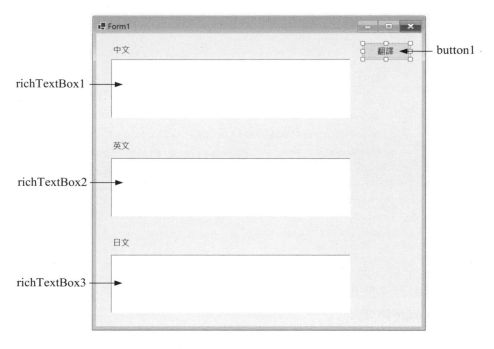

Step 03 撰寫程式碼:

請編修 button1_Click 事件處理函式中灰底處程式,將 JSON 字串轉成 Language 陣列,此陣列中 translations[0] 即是英文翻譯結果),translations[1] 即是日文翻譯結果。

程式碼 FileName:Form1.cs

```
01 using Newtonsoft.Json;
02 using System.Text;
03
04 namespace Translator01
05 {
06     public partial class Form1 : Form
07     {
......
......
40         private async void button1_Click(object sender, EventArgs e)
41         {
```

42	`if (richTextBox1.Text == "")`
43	`{`
44	`MessageBox.Show("請輸入欲翻譯的中文文章");`
45	`return;`
46	`}`
47	`string jsonstr = `**`await Translation`** `("服務端點", "服務金鑰", "服務區域", richTextBox1.Text);`
48	`Language[] language = JsonConvert.DeserializeObject<Language[]>(jsonstr);`
49	`richTextBox2.Text = language[0].translations[0].text;`
50	`richTextBox3.Text = language[0].translations[1].text;`
51	`}`
52	`}`
53	`}`

說明

1. 第 48 行：使用 JsonConvert.DeserializeObject()方法將 jsonstr 轉換成 Language 陣列。

2. 第 49,50 行：將英文翻譯結果 (language[0].translations[0].text) 與日文翻譯結果 (language[0].translations[1].text) 依序顯示於 richTextBox2 與 richTextBox3 中。

9.6 模擬試題

題目(一)

您正在開發一項應用程式，其必須接受來自麥克風的日文輸入，並立即產生德文的即時文字翻譯。您該使用哪種服務？

① 語音服務　② 語言服務　③ Translator

題目(二)

您想要使用語音服務來建置一個會大聲讀出災害警報的應用程式，您應該使用哪個 API？

① 文字轉換語音　　② 語音轉換文字　　③ 翻譯

題目(三)

在研討會時，您的發言會被轉譯成供全體來賓觀看的字幕。這是使用 Azure 認知服務的哪一個項目？

① 語音合成　　② 情感分析　　③ 內容仲裁　　④ 語音辨識

題目(四)

下列哪種情況不是語音識別的服務範圍？

① 為 SNG 現場直播新聞上字幕。

② 能朗讀簡訊的手機 APP。

③ 把上課內容作成筆記。

題目(五)

下列敘述哪一個是錯誤的？

① 您可以使用文字分析服務，將通話記錄中提取關鍵實體。

② 您可以使用文字翻譯服務，將通話語音轉為文字。

③ 您可以使用文字翻譯服務，進行不同語言之間的文本翻譯。

題目(六)

在使用文字轉語音時，要呈現最類似人類的語音，應該使用哪種語音？

① 標準語速　　② 較長停頓　　③ 標準語音　　④ 中性語音

題目(七)

您在聽演講時,看到演說內容被轉譯成供大眾觀看的字幕,這是使用哪種服務?

① 情感分析　② 語音合成　③ 語音辨識　④ 翻譯

題目(八)

您為了服務視力不佳的遊客,設置可大聲導覽的應用程式,您應該使用哪一種服務?

① 語音　② 翻譯　③ 文字分析　④ 語言理解

題目(九)

您協助整理黑白默片,這些影片都有一份腳本,您需要根據腳本為影片產生旁白音訊檔案,您應該使用哪一種服務?

① 語音辨識　② 語音合成　③ 語言理解　④ 語言建模

題目(十)

假若要將「文件轉為指定目標語言的文本」,應使用 Microsoft Azure 的哪一種服務來完成?

① 語音辨識　② 翻譯　③ 關鍵片語擷取　④ 語言建模

CHAPTER

Azure 機器學習
基本原理

10

10.1 機器學習簡介

　　1980 年代之後關於人工智慧的研究越來越多元化，例如：統計、機率、逼近…等領域。而且因為電腦硬體的成本下降、能力增強、速度加快，使得人工智慧飛快發展。發展至今「機器學習」(Machine Learning，ML) 可以從大量歷史資料中自行學習出規律，就是人工智慧技術的一個重要分支。日常生活中小孩在師長的指導和糾正下，在狗、貓、狼 … 多種動物中學會了辨識出狗。機器學習就是讓電腦能夠從大量狗的圖片中，自行歸納出狗的特徵 (features)，例如：屬於動物、有四條腿、體型、有尾巴、吠叫 … 等，根據這些特徵來學會辨識狗的技能。

　　若要讓電腦判別有毒的蛇類，就必須先蒐集有毒和無毒蛇類的樣本資料，來做為訓練資料 (training data，或稱定型資料)。從訓練資料中擷取出資料的特徵來協助辨識，例如：頭部形狀、顏色、花紋形狀、牙齒形狀、分布地帶…等。根據資料的特性來選擇機器學習模型，本例是要區分有毒和無毒蛇類，所以應使用分類模型較為適當。接著輸入電腦訓練資料的答案，將有毒蛇類資料的標籤 (label) 設為 1、無毒蛇類的標籤設為 0。當訓練

資料的量足夠時,只要輸入包含特徵的新資料,電腦就會判斷出是否屬於毒蛇。萬一判斷結果有誤,就必須增加資料或調整參數再次進行訓練。系統必須反覆測試直到有高度的正確性,才可以正式部署並提供執行。

近年來疫情流行、國際局勢劇變,造成社會生活形態急遽變化,企業若能引進機器學習技術,將會使資料蒐集和處理更加便利,預測結果能更快速應用在商業決策上。因為機器學習能快速處理大量數據,為企業提出決策建議、優化製造流程或是預測市場變化,可以提高企業的競爭優勢。採用機器學習的優點如下:

1. 解讀資料提供決策
   機器學習可以識別資料中的模式和架構,協助了解資料所代表的意義,並預測資料的趨勢提供給決策參考。

2. 改善資料的完整性
   機器學習適合用來進行資料的挖掘,而且能隨著時間不斷改善能力。

3. 提供使用者多元體驗
   影像辨識、聊天機器人、語音虛擬助理…等機器學習的運用,可使用文字、圖片、語音等多媒介為使用者提供多面向的服務。

4. 降低風險發生
   機器學習會不斷地監視環境的改變,識別出新的模式。例如詐騙手法不斷改變,機器學習除了注意現有手法的發生外,也能識別新的詐騙模式並在發生之前提出警告。

5. 預測使用者行為
   機器學習能收集使用者的相關資料,來協助識別出其模式與行為。例如機器學習運用在購物網站,可以分析使用者購買和瀏覽的資料,來顯示建議的產品以提供給使用者最好的購物體驗。

6. 降低成本

機器學習開發過程大都已經自動化，可以節省人力、時間和資源。

機器學習的應用範圍非常廣泛，包括商業、教育、科技研發、工廠、農業…等，而且還不斷地發現其可能性，主要的用途如下：

1. 預測數值

「迴歸」演算法在識別原因和變數效果方面相當實用，會利用資料值建立出模型，而模型常用來預測。迴歸研究能協助預測未來，可協助推測產品需求、預測銷售狀況或預估行銷活動結果。

2. 識別不尋常事件

「異常偵測」演算法可準確指出預期標準外的資料，通常會用來找出潛在風險。如：設備故障、結構缺陷、文字錯誤和詐騙…等，均是機器學習能用來解決問題的範例。

3. 尋找結構

「叢集」演算法通常是機器學習的第一步，會在資料集中發現出基礎結構。叢集演算法常用於市場區隔，能將常見項目分類，來提供可協助選取價格和推測客戶偏好的見解。

4. 預測類別

「分類」演算法能協助判斷資訊的正確類別。分類和叢集化相似，但相異之處在於分類演算法應用於「監督式」學習，資料集中會指派預先定義的標籤。而叢集演算法是屬於「非監督式」學習，資料集中不用預先指派標籤。

有關迴歸演算法、異常偵測演算法、叢集演算法、分類演算法及監督式學習、非監督式學習的詳細內容，在本章後面的章節會有進一步介紹。

10.2 機器學習的工作流程

　　開發機器學習專案是需要反覆訓練、測試和修正，會耗費許多人力、時間和資源。所以在事前須先了解要處理的問題是否適合使用機器學習？是否有其他的解決方案？下圖是一般操作機器學習的工作流程：

定義問題　資料收集　資料準備　選擇模型　訓練模型　評估模型　參數調整　部署模型

⊛ 機器學習的流程

一. 定義問題

　　要先對問題有充分的了解，並且將解決方案轉化成可以量化的目標。例如：要解決「減少公司營業成本」問題，如果轉化成「預測下個月的最佳進貨量」，就是將抽象的問題量化成具體的目標。又例如：「在網站推薦使用者有興趣商品，以增加公司營收」問題，可以轉化成「預測使用者是否會購買某項商品」、「搜尋出使用者瀏覽過的類似商品」或「評估使用者對某項商品的喜好程度」… 等具體目標。

二. 資料收集

　　資料是機器學習的最重要依據，所以收集大量而且相關的資料是重要的工作，資料收集又稱為資料擷取。根據統計資料收集和準備這兩個步驟，占機器學習流程約 80%的時間。資料收集除靠人力收集外，也可以從政府公開資訊中搜尋。另外，可以透過爬蟲程式由網路中抓取資料。例如要開發預測股價的機器學習專案，就要廣泛擷取技術指標、財務指標、籌碼指標 … 等股票市場的資料。資料的集合稱為資料集 (dataset，或稱數據集)，應該確保資料中的變數值具有相似規模。若有多個來源資料時，則要進行資料的合併。

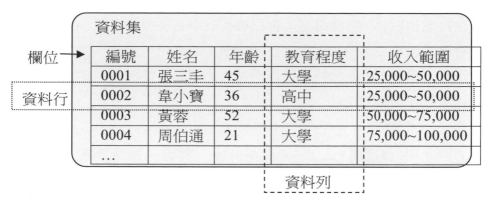

▲ 資料集的構成成員

三. 資料準備

機器學習是從大量的資料中發掘出規律，所以正確的資料是成功的重要關鍵。資料準備階段主要有資料清理 (data clearing)、特徵工程 (feature engineering) 和資料分割 (data split) 三種主要工作。資料清理是做資料標準化、資料正規化、移除缺少值（遺失資料，或稱遺漏值）和無效值（不相關）等異常資料、離群值的處理、資料特徵值的縮放、移除不重要的欄位…等資料的處理，來確保不將錯誤和偏差的資料帶入模型。

資料經過清理後，就可以進行特徵工程。特徵工程是將原始資料經一連串處理使成為「特徵」，特徵是觀測對象中獨立而且可以測量的欄位 (屬性)，用來顯示模型處理的實際問題，並提高對於未知資料的準確性。例如有一段時間內的計程車相關行程訊息的資料集，包含車費、行程距離、行程 ID，訓練模型來預測指定計程車的費資，應該使用「行程距離」作為特徵，因為計程車費資和距離相關。特徵工程其中包含特徵抽取 (feature extraction)、特徵選擇 (feature selection)… 等方法。

1. 「特徵抽取」是從訓練資料中發掘出可用的特徵，例如：消費者的性別、年齡、消費金額等。再將這些特徵量化，例如性別可以轉成 0 或 1。經過特徵抽取後，可以將每位消費者轉成量化的多維度資料。

2. 在特徵抽取後「特徵選擇」會根據機器學習模型的目標，來分析那些特徵比較重要。例如目標是要搜出潛在的客戶，此時「消費金額」就是比「學歷」重要的特徵。經過多次的測試，找出最佳的特徵組合以達成最好的學習效果。

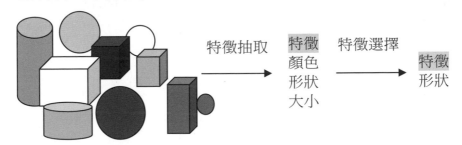

特徵抽取 → 特徵
顏色
形狀
大小
特徵選擇 → 特徵
形狀

🔺 計算有多少個圓球物件的特徵工程，篩選出「形狀」特徵最能區分物件。

資料所集合成的資料集 (dataset，或稱數據集)，要隨機分拆為訓練資料和驗證資料 (或稱測試資料、評估資料)，通常是 70～80% 為訓練資料、20～30% 是驗證資料。訓練資料是供模型訓練用，而評估模型時要使用未用過的驗證資料。

【簡例】需要使用以下資料集(數據集)預測指定客戶的收入範圍，應該使用哪兩個欄位作為特徵？

名字	姓氏	年齡	教育程度	收入範圍
三豐	張	45	大學	25,000~50,000
小寶	韋	36	高中	25,000~50,000
蓉	黃	52	大學	50,000~75,000
伯通	周	21	大學	75,000~100,000
無忌	張	68	高中	50,000~75,000

🔎 **説明**

1. 觀察「名字」和「姓氏」欄位值，發現和「收入範圍」沒有相關。

2. 觀察「年齡」和「教育程度」欄位值，發現和「收入範圍」有相關，所以這兩個欄位可以作為特徵。

四. 選擇模型

　　機器學習模型 (model) 的種類非常多，例如：分類、迴歸、叢集 …等。機器學習的最終目標是找到解決問題的最好方法，要依據問題類別、資料量、資料類型、運算效能 … 等現實情況進行衡量，選擇性能合適的模型來使用。

五. 訓練模型

　　使用收集的訓練資料，輸入機器學習模型進行訓練 (train，或稱定型)。其實模型就像是函數 (函式)，輸入資料經過函數運算後，就會輸出計算結果。模型剛開始時可能輸出偏離預期的結果，經過一次次地修正，最後能夠輸出正確的預測，這些修正的過程就稱為訓練。

六. 評估模型

　　當機器學習模型透過訓練資料學習能夠正確推測出結果後，就要使用未使用的驗證資料來評估模型，了解模型的效能和準確率。如果評估後發現無法推測出正確結果時，就必須回頭重新訓練模型。

七. 參數調整

　　根據機器學習模型的評估結果，可以調整模型演算法中的超參數 (hyperparameter)，來進一步提升模型的效能。但是也不能過度的調整，因為可能會造成擬合過度 (overfitting，或稱過擬合)，也就是過度學習的後果。

機器學習模型演算法就是函數，函數中會含有很多的參數 (parameter)，其中關於定義模型屬性，或是訓練過程的參數就稱為超參數。演算法的超參數必須要進行修改調整，來使模型預測結果能更加貼近真實。

八. 部署模型

　　當機器學習模型訓練到可以預測出一定準確率結果時，就可以正式部署以供使用。當將模型部署使用後，發現因為環境的變遷，例如：季節的變化、股票市場的起伏、國際局勢的改變⋯等，目前的資料已經和訓練資料有所偏差。此時，就必須重新訓練模型來適應這些變化。

【例1】 將日期分拆成月、日和年等欄位，是屬於機器學習流程的哪個步驟？ ① 模型評估　② 模型訓練　③ 特徵工程　④ 模型部署

⟳ 說明

1. 將資料欄位值再分拆成更細的欄位，是屬於「資料準備」中的「特徵工程」的任務。

【例2】 「選擇溫度和壓力來訓練天氣模型」，是屬於機器學習流程的哪個步驟？ ① 特徵工程　② 模型部署　③ 模型訓練　④ 特徵選擇

⟳ 說明

1. 選擇適當的特徵來訓練模型，是屬於「資料準備」中的「特徵選擇」的任務。

【例3】 您計劃使用資料集訓練一個預測房價類別的模型，什麼是家庭收入和房價類別？

家庭收入	郵遞區號	房價類別
20,000	42055	低
23,000	52041	中
80,000	78960	高

1. 家庭收入：①特徵　② 標籤

2. 房價類別：①特徵　② 標籤

↻ 説明

1. 在預測房價類別的模型中，家庭收入是屬於特徵，是獨立而且可以測量的欄位，可以顯示模型要處理的實際問題，所以答案為①。

2. 房價類別則是資料的標籤，代表為該資料的答案 (目標值)，答案為②。

【例 4】 在訓練影像分類模型之前先為影像指派類別，是屬於下列哪個動作？ ①特徵工程 ②模型評估 ③超參數調整 ④標記

↻ 説明

1. 為訓練資料集的影像指派類別，作為訓練影像分類模型的標籤 (目標值)，這個動作稱為標記，所以答案為④。

【例 5】 影響模型預測的資料值稱為？
①識別碼 ②因變項 ③特徵值 ④標籤

↻ 説明

1. 訓練資料集的欄位為特徵，特徵值就是影響模型預測的資料值，所以答案為④。

2. 訓練資料集用來作為預測的資料值(即正確答案)，稱為標籤。

【例 6】 請問產生額外的特徵，是屬於下列何種機器學習的流程？
①特徵工程 ②特徵選擇 ③模型評估 ④模型訓練

↻ 説明

1. 產生額外的特徵是屬於特徵工程，例如將生日資料行分拆成年、月、日三個特徵，所以答案為①。

【例 7】 請問根據驗證資料計算模型效能，是屬於何種機器學習的流程？
①資料擷取與資料準備 ②特徵工程與特徵選取 ③模型評估

説明

1. 根據驗證資料計算模型效能,是屬於模型評估,所以答案為③。

【例8】 移除包含遺失資料或不相關資料,是屬於何種機器學習的流程?
①資料擷取與資料準備　②特徵工程與特徵選取　③模型評估

説明

1. 移除遺失資料或不相關資料,是屬於特徵工程與特徵選取,所以答案為②。

【例9】 合併多個來源資料,是屬於下列何種機器學習的流程?
①資料擷取與資料準備　②特徵工程與特徵選取　③模型評估

説明

1. 合併多個來源資料是屬於資料擷取與資料準備,所以答案為①。

【例10】 確保訓練資料中的數值變數具有相似規模,是屬於下列何種機器學習的流程?
①資料擷取　②特徵工程　③特徵選擇　④模型訓練

説明

1. 確保訓練資料中的數值變數都具有相似規模,如此才能有效訓練模型,此流程是屬於資料擷取,所以答案為①。

【例11】 訓練模型時,為什麼要將資料集隨機拆分為不同子集?
① 使用未用於訓練模型的數據來測試模型
② 對模型進行兩次訓練以獲得更高的準確度
③ 同時訓練多個模型以獲得更好的性能。

説明

1. 隨機拆分資料集為訓練資料和驗證資料,驗證資料是為使用未用於訓練模型的數據來測試模型,所以答案為①。

10.3 機器學習的模型

　　機器學習模型是一種電腦演算法，可以使用資料來進行評估或決策。簡單來說可以將模型視為接受輸入資料然後產生輸出的函數。機器學習模型與傳統演算法的設計方式不同，傳統演算法需要改善時要使用人力進行編輯；而機器學習會運用資料讓指定工作得到更好的效能。例如使用機器學習的股價預測方案，會隨著股市資料的增加，機器學習模型可以累積更多經驗而提升預測能力。如果是採傳統演算法，則必須由工程師修改股價預測公式。模型是機器學習服務的核心元件，常用的機器學習模型大致分成「監督式學習」、「非監督式學習」、「半監督式學習」和「增強學習」四種類別。

10.3.1 監督式學習

　　監督式學習 (supervised learning) 是給含有標籤 (label) 的許多資料，也就是附有答案的資料，透過機器學習模型計算來找出最佳解答。提供給機器學習的資料集欄位值稱為特徵值，而作為答案 (標籤) 的欄位值稱為目標值，為資料加上標籤的動作就稱為標記 (或稱預定義)。例如輸入 1000 張附有「貓」和「狗」標籤的照片，作為模型的訓練資料後，再輸入新的沒有標籤照片，檢驗模型是否能正確識別出是貓還是狗。

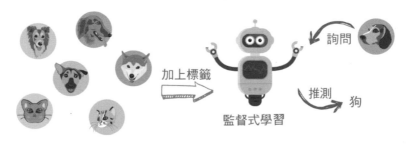

▲ 監督式學習過程示意圖

監督式學習主要分成分類 (classification) 和迴歸 (regression) 兩大類。分類的目標是找到資料所屬的種類,將資料分派到不同的群組,會忽略同一群組內資料間的些微差異。迴歸的目標則是找到資料的趨勢,將所有資料視為一個群組,分析資料的差異而找到整體的傾向。

例如小鎮有甲、乙兩個公園,抽樣調查各家戶常去的公園,並在地圖上標示出來。此時可以在地圖畫出一條直線,來大致區分出兩個群組,這就是分類的方法。利用這條直線就可以預測出,其它未調查的家戶可能常去的公園。

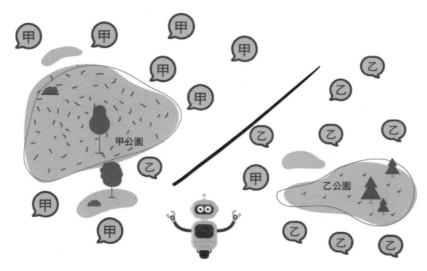

▲ 以分類方法預測家戶常去的公園

上例如果改用迴歸方式來處理,在調查時改詢問到甲公園的機率 (100 ~ 0%),並在地圖上依距離和機率標示出來。此時也可以在地圖畫出一條直線,來表示家戶和甲公園距離與到公園機率的趨勢,這就是迴歸的方法。利用這條直線就可以根據距離預測出,其它未調查的家戶到甲公園的機率。

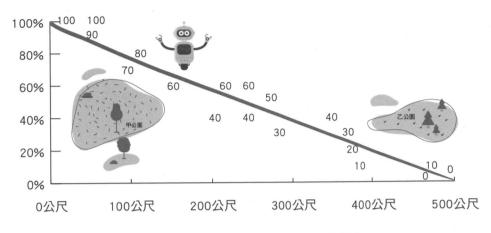

以迴歸方法預測家戶到甲公園的機率

10.3.2 非監督式學習

非監督式學習 (unsupervised learning) 的訓練資料沒有標籤，讓機器學習模型自行摸索出資料規律，擷取出資料的特徵，達成解答未知資料的目標。非監督式學習最常見的方法就是叢集分析 (cluster analysis)，會根據特徵透過演算法計算資料間的相似程度，將資料樣本區分群組。

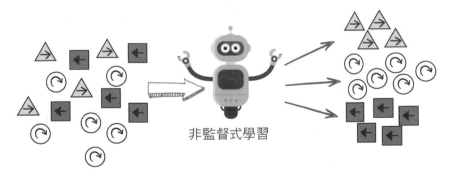

非監督式學習過程示意圖

10.3.3 半監督式學習

半監督式學習 (semi-supervised learning) 是介於監督式與非監督式之間的機器學習。因為現實中收集資料較簡單，但是完整標記的資料較少且耗費人力，所以開發出半監督式學習的技術。透過少量有標籤的資料找出特徵，就可以對其它大量無標籤的資料進行分類。這種方法可以減少標記資料的時間，又能讓預測結果比較精準。例如有 100 張照片，其中只有 10 張有加註「貓」或「狗」的標籤，半監督式機器學習模型可利用這 10 張照片的特徵去辨識及分類剩餘的照片。

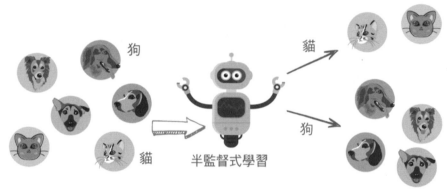

⊙ 半監督式學習過程示意圖

10.3.4 增強學習

增強學習 (reinforcement learning) 是在指定環境中互動，模型會觀察環境而採取行動，並隨時根據回饋資料逐步修正，反覆嘗試錯誤來獲得最大利益。在過程中模型會進行一系列動作，隨著每個動作環境也會跟著變化。若環境的變化是接近目標就給予正報酬 (positive reward)；若遠離目標則給予負報酬 (negative reward)，增強學習模型的目標就是獲得最高的報酬。

例如模型開車時若保持在車道中就給正報酬，偏離跑道就給負報酬。雖然沒有給予標籤資料但根據報酬的多寡，增強學習模型會自行逐步修正

最後得到正確的結果。如果問題是需要不斷做決策的情形，答案不能一次就解決時，增強學習模型就很適合，例如下棋時需要根據棋局變化不斷改變策略、或是開車隨時會遇到不同的路況。

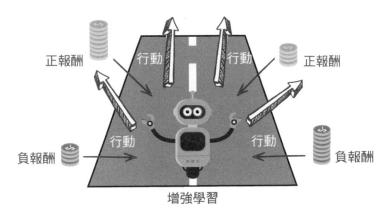

▲ 增強學習過程示意圖

10.4　分類模型

10.4.1　分類模型簡介

　　分類 (classification) 機器學習模型簡稱為分類模型，是屬於監督式學習。分類的目標是找到資料所屬的種類，將資料分派到不同的群組，會忽略同一群組內資料間的些微差異。分類模型經過演算法計算，會將資料指派給預設的分類。分類有時會被稱為「識別」，因為分類模型可以辨識資料，並將資料分門別類。例如：要識別「電子郵件是否屬於垃圾郵件？」、「客戶評論內容是屬於正面、負面或中性情感？」，都適合採用分類模型。

　　分類模型所預測的目標值會是個離散值，所謂離散值是指特定值，這些特定值都不相同，而且其間分別明確沒有中間值。離散值可能是數值或是分類，例如：「1」或「2」、「男性」或「女性」、「貓」或「狗」、

「紅色」或「綠色」或「藍色」…等。另外，分類模型所預測的目標值沒有大小和順序的關係，例如「貓」或「狗」沒有大小的關係，就像是數值「1」或「2」因為是屬於分類，所以其中沒有 1.5、1.68 等中間值，也沒有「2」大於「1」的關係。以銀行預測客戶申請購屋貸款為例，輸入客戶的年收入、年齡、不動產…等資料，如果要預測該客戶是否可以獲得貸款時應該採用分類模型；若是要能預測該客戶能貸款的金額則要採用迴歸模型。

【例1】 「預測學生是否能夠完成大學課程。」的方案，屬於下列何種機器學習的類型？ ①分類　②迴歸　③叢集

🔄 **説明**

1. 因為預測學生能否完成大學課程的目標值為「能完成」或「不能完成」，目標值是屬於離散值，所以是屬於監督式學習中分類機器學習模式，答案為①。

【例2】 某個醫學研究專案使用了一個較大的匿名腦掃描圖像數據集，這些圖像被劃分為預定義的腦出血類型。您需要使用機器學習提供支援：先為預定義的腦出血類型，再由人來複查圖像之前對圖像中不同類型的腦出血進行早期檢測。這是何種機器學習範例？
①分類　② 迴歸　③叢集

🔄 **説明**

1. 要先預定義(標記)圖像的腦出血類型，這是屬於監督式學習中分類機器學習模式，所以答案為①。

【例3】 使用上次消費日期、消費頻率、消費金額（RFM）值，來識別客戶群中的客層，為下列何者的範例？
①叢集　② 迴歸　③分類　④正規化

🔾 説明

1. 因為機器學習模式的目標，是識別客戶群中的客層，目標值是屬於離散值，所以是屬於監督式學習中分類機器學習模式，答案為③。

【例 4】 「預測貸款是否將能夠償還銀行。」的方案，屬於下列何種機器學習的類型？①分類　② 迴歸　③叢集

🔾 説明

1. 因為預測客戶「可以」或「不可以」償還貸款，目標值是屬於離散值，所以是屬於監督式學習中分類機器學習模式，答案為①。

10.4.2　分類模型常用的演算法

一. 邏輯迴歸

　　邏輯迴歸 (logistic regression) 演算法目標是要找出一條能夠將所有資料清楚地分開的直線，預測值範圍 0 ~ 1 代表目標值為「是」或「否」的機率。邏輯迴歸演算法屬於監督式學習常用於分類模型，例如預測明天是晴天的機率、客戶購買產品的機率。邏輯迴歸是容易理解且執行速度快速的演算法，但是分類的準確度不高，容易產生擬合不足 (underfitting，或稱欠擬合) 的問題。

濕度(%)	溫度(⁰C)	滿意
23	123	X
25	124	O
23	126	O
…	…	…

⊙ 使用邏輯迴歸預測顧客滿意披薩的烤箱濕度和溫度過程示意圖

二. 支援向量機

　　支援向量機 (support vector machine，SVM)演算法能夠劃出最能分隔資料的邊界 (可以為非線性)，屬於監督式學習可以進行分類、迴歸和偵測離群值。支援向量機演算法可以有效處理特徵量多的情況，而且即使資料數多也能節省記憶體。但是資料數多時會使用較多的運算時間，而且要注意擬合過度的產生。

三. 決策樹

　　決策樹 (decision tree) 是使用答案為「是」或「否」的條件，進行模型預測的演算法。決策樹演算法屬於監督式學習演算法，可以使用於分類和迴歸模型。決策樹演算法因為接近人類的思考方式，所以容易理解和解釋學習結果。資料不需要前處理，即使資料多也能快速預測結果，所以適合處理大數據。但是要注意資料條件的分歧常會發生擬合過度，而且特徵多時決策樹會很複雜。

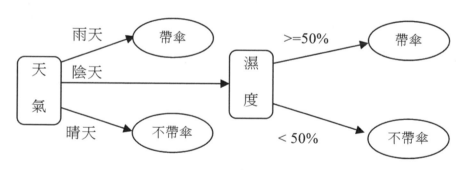

四. 單純貝氏分類

　　單純貝氏分類 (naive Bayes classifier) 演算法可以根據相關事件的發生次數，來計算事件發生的機率。貝氏定理 (Bayes' theorem) 是一種機率的定理，描述在已知的一些條件下，某事件的發生機率。例如已經知道房價與房子

坐落的區域有關，使用貝氏定理可以透過房子所屬的區域，更準確地預測出房價。單純貝氏分類器為貝氏定理的實際應用，模型中假設所有的特徵都是獨立的。經過貝氏定理的計算，可以得知在已知的資料下哪個目標的發生機率最大，據此去做分類。在資料量夠多的情況下，單純貝氏分類器是一個相當好用的模型，簡單且有效，又不容易產生擬合過度。但是當特徵數很多的時候，可能會造成運算值誤差。

五. K 近鄰

　　K 近鄰 (K-nearest neighbor，簡稱 KNN) 演算法是將資料轉成向量，然後以資料間的距離來換算出資料的近似度 (similarity)，根據近似度來做分類，是屬於監督式學習分類模型的演算法。預測資料時會先計算出該資料和其他資料間的距離，如果 K 值為 5 就取距離最近的 5 個資料，這 5 個資料所屬的分類的多數決，就是該資料的預測分類。K 值就是 K 近鄰演算法的超參數，需要調整參數值以取得最佳的預測結果。K 近鄰是個簡單易懂的演算法，因為資料型態不受限所以用途廣泛，特別在多種類別分類時更適用。但是每個資料之間的距離都要計算，所以計算量相當龐大。另外，若練習資料不平衡，當某一分類特多時，會容易產生預測錯誤的情況。

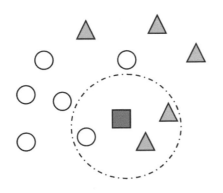

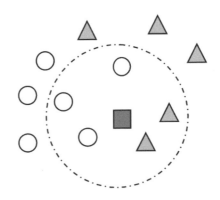

Ⓐ K 值為 3 時，■ 會歸類為 ▲。　　Ⓐ K 值為 5 時，■ 則會歸類為 ○。

10.4.3 評估分類模型常用的指標

模型學習訓練完成後，就要使用沒有附標籤的驗證資料 (也就是沒正確答案的資料) 來測試，以評估模型的效能。利用模型預測結果和真實值間的預測誤差，就能評估模型效能的優劣。評估模型所產生的預測誤差，通常採用混淆矩陣 (confusion matrix) 來表示。例如分類「真」、「假」兩個標籤，模型預測值和真實值會有四種組合 (2 x 2)，將評估結果的統計次數填入混淆矩陣表示如下：

真實值 / 預測值	「真」	「假」	
「真」	TP(真陽性)	FP(假陽性)	T：預測正確(True) F：預測錯誤(False)
「假」	FN(假陰性)	TN(真陰性)	P：陽性(Positive) N：陰性(Nagative)

混淆矩陣中 TP 的值，代表模型預測值為「真」且真實值也為「真」的次數，其餘各值的意義可以類推。其中TP和TN代表模型預測正確的次數，而 FP (又稱第一型錯誤，type I error) 和 FN (又稱第二型錯誤，type II error) 代表模型預測錯誤的次數。雖然 TP 和 TN 的值越大表示「真」分類被識別的比率越高，但是 FP 和 FN 值也很重要，因為錯誤也要盡量避免。例如指紋門鎖的辨識，寧可發生 FN 錯誤被拒絕在門外；也不願發生 FP 錯誤而為小偷開門。又例如產品推薦系統要預測潛在客戶，此時反而容許 FP 錯誤而不願 FN 錯誤發生，因為寧願無效推薦也不要放過潛在客戶。要評估分類模型的效能，可用準確率、召回率、精確率、F值和曲線下面積等評估指標。

一. 準確率

準確率 (accuracy) 是全體資料數中預測結果正確的比率。如果正向的例子很少時，準確率就不適用，例如偵測信用卡盜刷，一個月的刷卡紀錄中真正盜刷的資料筆數相當少。準確率公式為：

TP + TN / (TP + FP + FN + TN)

二. 精確率

精確率 (precision，又稱為真陽率) 是針對預測值為「真」的資料，正確辨識出來的比率。例如開發指紋門鎖系統時，比較在意預測值為「真」(會開門) 的正確率，所以希望精確率要高，而召回率就比較不重要。精確率公式為：

TP / (TP + FP)

三. 召回率

召回率 (recall) 是針對真實值為「真」的資料，能被正確辨識出來的比率。例如開發產品推薦系統時，比較在意實際值為「真」(潛在客戶) 的正確率，所以召回率很重要，而精確率就顯得沒這麼重要。召回率公式為：

TP / (TP + FN)

四. F 值

如果重視預測值為「真」就採用精確率，重視真實值為「真」就採用召回率評估模型。如果要同時重視精確率和召回率，就要使用 F 值 (f-score) 來評估模型。F 值公式為：

$(\alpha^2 + 1)$ x 2 x 精確率 x 召回率 / α^2 x (精確率 + 召回率)

F 值公式中 α 參數值若為 1，就是常用的 F1 值，公式為：

2 x 精確率 x 召回率 / (精確率 + 召回率)。

五. 曲線下面積

曲線下面積 (AUC，area under the curve) 為 ROC (接收器操作特性，receiver operating characteristic) 曲線下的面積，指標值一般介於 0.5 和 1 之間，指標值越大的模型正確率也就越高。ROC 曲線是以假陽率 (FP / (TN + FP)) 為 X 座標、真陽率為 Y 座標，為一種綜合指標曲線。

【例 1】 根據下列混淆矩陣的資料，分別使用準確率、召回率、精確率和 F1 值指標，評估「辨識貓咪」分類模型的效能。

真實值 預測值	「貓」	「非貓」
「貓」	30	5
「非貓」	15	50

説明

1. 準確率公式為 TP + TN / (TP + FP + FN + TN)，數值帶入公式 30 + 50 / (30 + 5 + 15 + 50)，準確率為 80%。

2. 精確率公式為 TP / (TP + FP)，數值帶入公式 30 / (30 + 5)，精確率為 85.7%。

3. 召回率公式為 TP / (TP + FN)，數值帶入公式 30 / (30 + 15)，召回率為 66.7%。

4. F1 值 公式為 2 x 精確率 x 召回率 / (精確率 + 召回率)，數值帶入公式 2 x 0.857 x 0.667 / (0.857 + 0.667)，F 值為 75%。

【例 2】 檢查混淆矩陣的值，是屬於機器學習流程的哪個步驟？
　　　①特徵工程　　②模型部署　　③模型訓練　　④模型評估

説明

1. 檢查混淆矩陣的值可以評估分類機器學習模式的效能，所以答案為④。

【例3】 您可以使用哪個指標來評估分類模型？ ①決定係數（R2）
②均方根誤差（RMSE）　③真陽率　④平均絕對誤差（MAE）

↻ 説明

1. 要評估分類模型可以使用真陽率 (又稱召回率)，所以答案為③。

2. 其他選項 R2 (確定係數)、RMSE (均方根誤差)、MAE (平均絕對誤差)，
   都是屬於迴歸模型的評估指標。

【例4】 您正在開發一個使用分類來預測事件的模型。您有一個對測試數
據評分模型的混淆矩陣，如下所示：

真實值 預測值	1	0
1	11	5
0	1033	13951

請根據上圖中提供的資訊，完成每個表述語句的答案選項：

A. 請問正確預測陽性的個數為何？①5　②1033　③13951　④11
B. 請問假陰性的個數為何？①5　②1033　③13951　④11

↻ 説明

1. 正確預測陽性是指預測值為 1 且真實值也為 1，所以答案是④11。

2. 假陰性是指預測值為 0 但是真實值為 1，所以答案是②1033。

10.5 迴歸模型

10.5.1 迴歸模型簡介

迴歸 (regression) 機器學習模型，簡稱為迴歸模型是屬於監督式學習，迴歸的目標是找到資料的趨勢。迴歸模型會將所有資料當作一個群組，分析資料間的差異來找到整體的傾向。迴歸模型所預測的目標值會是個連續值，所謂連續值是指一段連續範圍內的任意數值，例如：身高、體重、年齡、時間、金額…等，都是屬於連續值。

10.5.2 迴歸模型常用的演算法

一. 線性迴歸演算法

線性迴歸 (linear regression) 演算法藉由一條直線來趨近資料，可以顯示或預測自變數和因變數之間的關聯性。如果是處理兩個以上的自變數，一個由這些變數所產成的因變數，就是多變量線性迴歸。線性迴歸演算法屬於監督式學習演算法，是最熱門的迴歸分析類型之一。線性迴歸演算法易於理解，建立模型的速度很快，但是遇到複雜數據時就不合適。

二. 多項式迴歸演算法

多項式迴歸 (polynomial regression) 演算法藉由一條連續的曲線來趨近資料，可以顯示或預測自變數和因變數之間的關聯性。多項式迴歸是以曲線來逼近資料，對於比較的複雜數據可以有較好的預測效能，是常用的迴歸分析演算法。

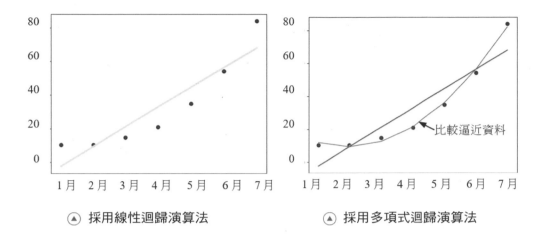

⊙ 採用線性迴歸演算法　　　　　⊙ 採用多項式迴歸演算法

【例1】 根據收到的訂單數預測送貨員的加班小時數，是以下何種模型的
範例？ ①分類　②迴歸　③叢集

🔄 說明

1. 根據收到的訂單數來預測送貨員的加班小時數，是在預測資料的趨勢，
而且其預測值加班小時數是連續值，所以是屬於迴歸模型答案為②。

【例2】 您需要預測未來 1010 年的海平面高度（以米為單位），您應該使
用哪種機器學習模型？ ①迴歸　②分類　③叢集

🔄 說明

1. 要預測未來 1010 年的海平面高度，是在預測資料的趨勢，而且其預測
值海平面高度是連續值，所以是屬於迴歸模型答案為①。

【例3】 請問「預測拍賣品售價」方案，是屬於下列何種機器學習的類
型？ ①分類　②迴歸　③叢集

🔄 說明

1. 要預測拍賣品售價是在預測資料的趨勢，而且其預測值售價金額是連續
值，所以是屬於迴歸模型答案為②。

【例 4】 請問「根據機場的降雪量來預測航班晚點多少分鐘。」方案，是屬於下列何種機器學習的類型？ ①分類 ②迴歸 ③叢集

🔄 說明

1. 要根據機場的降雪量來預測航班會晚點多少，是在預測資料的趨勢，而且其預測值分鐘時間是連續值，所以是屬於迴歸模型答案為②。

10.5.3 評估迴歸模型常用的指標

迴歸模型學習訓練完成後，就要使用沒有附標籤的測試資料 (也就是沒正確答案的資料) 來驗證，以評估模型的效能。利用模型預測結果和真實值間的預測誤差，就能評估模型效能的優劣。評估模型所產生的預測誤差，通常採用 RMSE (均方根誤差)、MAE (平均絕對誤差)、R2 (確定係數)等統計指標來評估。

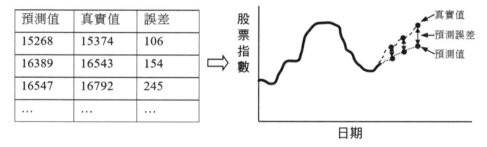

▲ 評估迴歸模型預測誤差示意圖

一. RMSE

RMSE (均方根誤差，root mean square error) 統計法是將預測值與真實值間差異值平方後，再取平均所得到的指標，指標值越小表示模型的效能越好。因為統計指標值的單位和預測值相同，所以是一種容易具體評估模型的指標。

二. MAE

MAE (平均絕對誤差，mean absolute error) 統計法是將預測誤差的絕對值取平均所得到的指標，用於評估預測結果和真實資料集的接近程度，指標值越小表示模型的效能越好。因為能比 RMSE 統計法不受離群值 (誤差值大) 影響，所以常用來處理離群值較多的資料集。由於統計指標值的單位和預測值相同，所以是一種容易具體評估模型的指標。

三. R^2

R^2 (確定係數或稱決定係數，coefficient of determination) 統計法是將預測誤差值正規化所得到的指標，指標值介於 0 ~ 1，0 表完全無法預測；1 表完全能夠預測，所以指標值越大表示模型的效能越好。如果要比較不同單位的模型的效能時，就要採用 R2 指標。

【例1】 您有如下圖「預測值與真實值」所示的相關資料，請問該圖表用於評估哪種類型的模型？ ①叢集 ②分類 ③迴歸

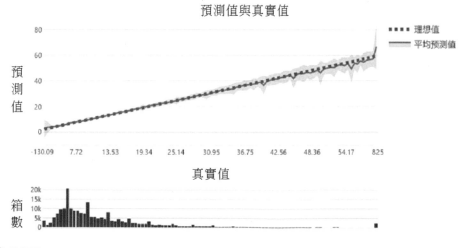

🔄 説明

1. 因為預設值是連續值所以是屬於迴歸模型，所以答案為③。

【例 2】 您可以使用下列哪兩種計量來評估迴歸模型？

① 曲線下面積（AUC） ② 均方根誤差（RMSE） ③精確度

④ 決定係數（R2） ⑤ F1 分數

🔍 **說明**

1. 均方根誤差 (RMSE) 和決定係數 (R2) 是評估迴歸模型常用的統計指標，所以答案為②、④。

2. 曲線下面積 (AUC)、精確度和 F1 分數都是評估分類模型的統計指標。

10.6 叢集模型

10.6.1 叢集模型簡介

叢集 (clustering) 機器學習模型簡稱為叢集模型，目標在識別資料的特徵，並根據特徵值來分類資料。因為不需要事先瞭解群組資訊，甚至不知群組數即可完成操作，所以是屬於非監督式學習。例如給叢集模型含六百位客戶的資料集，其中包含性別、生日、職業、教育程度 … 等欄位，模型會從資料集中歸納出隱含的資料規律，將這六百位客戶依照相似程度分群形成叢集 (cluster)。以而資料的相似程度是採用「距離」，資料間的距離愈近表示相似程度越高，就會被歸類至同一叢集。

叢集模型除了可以做叢集分析外，還有維度縮減 (dimensionality reduction) 的功能。維度縮減簡而言之，就是減少欄位數(特徵數)。例如學生資料集中有六科成績，可以改為文科和理科成績平均，使用 XY 二維座標就能呈現資料，能將資料可視化方便理解資料。

ID	身高	體重
1	170	68
2	145	38
3	155	50
…	…	…

▲ 依照身高和體重資料，歸納區分成男性和女性兩個叢集

【例1】 「將客戶細分為不同群體以供市場行銷部參考。」，是以下何種模型的範例？　①分類　② 迴歸　③叢集

⟳ 說明

1. 根據資料將客戶細分為不同群體，因為沒有指定分類的類型，所以是屬於叢集模型答案為③。

【例2】 您該下列使用哪種機器學習模型，找出有相似購物習慣的人員群組？①叢集　②分類　③ 迴歸

⟳ 說明

1. 根據資料找出有相似購物習慣的人員群組，因為沒有指定分類的類型，所以是屬於叢集模型答案為①。

【例3】 下列哪些是屬於叢集模型的範例？

① 根據文件中文字的相似性分組文件

② 根據症狀和診斷測試結果，分組相似患者分類

③ 根據花粉數，預測某人會罹患輕度、中度還是嚴重的過敏症狀

④ 根據專案的共同特徵對專案進行分組

⟳ 說明

1. ①、②和④屬於叢集模型的範例，因為目標為分群組而且沒有指定分類的類型。

2. ③ 是屬於分類模型的範例，指定「輕度」、「中度」和「嚴重」等分類。

10.6.2 叢集歸模型常用的演算法

K 平均 (K-means) 演算法是將資料轉成向量，然後依下列步驟執行：

① 設定叢集數 (K)。

② 在特徵空間中隨機設定 K 個中心。

③ 計算每一個資料點到各中心的距離。

④ 將資料點分配給距離最近的中心。

⑤ 每個叢集依新資料點計算新的中心。

不斷重複③ ～ ⑤步驟，直到各叢集的中心不再移動，就完成叢集分群的預測。K 平均演算法的優點是原理容易理解，而且計算速度快。但是只適用於數值型的資料，而且易受極端值和樣本數量差異過大影響分群效果。

10.7 模擬試題

題目(一)

下列敘述是否正確？(請填 O 或 X)

1. (　) 您使用未標記的數據訓練迴歸模型。

2. (　) 分類方法用於預測隨時間變化的順序數值數據。

題目(二)

您擁有可以預測產品品質的 Azure Machine Learning 模型，該模型的訓練資料集包含 50,000 筆記錄。下表顯示其資料範例：

日期	時間	重量(Kg)	溫度(C)	品質測試
2022 年 2 月 1 日	09:30:08	2,106	62.3	通過
2022 年 2 月 1 日	09:30:08	2,099	62.5	通過
2022 年 2 月 1 日	09:30:08	2,097	66.8	未通過

下列敘述是否正確？(請填 O 或 X)

1. (　)「重量(Kg)」為特徵。

2. (　)「品質測試」為標籤。

3. (　)「溫度(C)」為標籤。

 題目(三)

下列敘述是否正確？(請填 O 或 X)

1. (　) 您應該使用用於訓練模型的相同數據來評估模型。

2. (　) 準確度始終是用於衡量模型性能的主要指標。

3. (　) 標記是用已知值標記訓練數據的過程。

 題目(四)

請問下列何者是分類模型的範例？

① 根據從家到工作單位的距離預測某人是否騎自行車上班。

② 根據前一晚某人的睡眠時間預測這個人將喝多少杯咖啡。

③ 根據過去的賽跑時間預測一個人完成一次賽跑需要多少分鐘。

④ 分析圖像的內容並對顏色相似的圖像進行分組。

 題目(五)

「辨識北極熊和棕熊的圖像」方案，是下列哪種機器學習的類型？

① 人臉檢測　② 影像分類　③ 臉部辨識性　④ 物件偵測

題目(六)

下列何者可用來衡量正確分類影像的效能？

① 精確度　② 信賴度　③ 均方根誤差　④ 情感

 題目(七)

請問下列哪一個機器學習技術可用於異常偵測？

① 根據使用者所提供影像，針對物件加以分類的機器學習技術。
② 根據影像內容，針對該影像加以分類的機器學習技術。

③ 可隨著時間分析資料並識別異常變化的機器學習技術。

④ 能夠理解書面及口語的機器學習技術。

 題目(八)

對於機器學習過程，您應該如何拆分用於訓練和評估的數據？

① 將數據隨機拆分為訓練行和評估行。
② 將數據隨機拆分為訓練列和評估列。
③ 用特徵進行訓練，用標籤進行評估。
④ 用標籤進行訓練，用特徵進行評估。

 題目(九)

您有一個數據集，其中包含特定時間段內發生的計程車行程訊息，如下列選項所示。您需要訓練一個模型來預測計程車行程的費用，應該用什麼選項作為特徵？

① 各計程車行程的車費　　② 各計程車行程的行程距離
③ 數據集中的計程車行程數　④ 各計程車行程的行程 ID

題目(十)

請問「預測下個月售出禮品卡的數量」方案,是屬於下列何種機器學習的類型?① 分類　② 迴歸　③ 叢集

題目(十一)

您計劃將 Azure Machine Learning 模型部署為供客戶端應用程式使用的服務,在部署模型之前應該依序執行下列哪三個程序?

①模型重新訓練　②資料準備　③模型訓練　④資料加密　⑤模型評估。

題目(十二)

下列哪兩個動作會在 Azure Machine Learning 資料擷取及資料準備階段執行?①合併多個資料集　②使用即時預測的模型　③計算模型的精確度　④使用模型為測試資料評分　⑤移除具有缺少值的記錄。

Azure 機器學習實作

11.1 Azure 機器學習服務簡介

　　隨著科技的發展，人工智慧在各產業的運用愈來愈廣，AI 也成為企業數位轉型的關鍵要素。機器學習對於尋求競爭優勢的企業是一項重要的技術，因為它能快速處理大量數據，為企業提出具體建議、優化製造流程或預測市場變化。特別是 2020 年以來 COVID-19 大流行、國際局勢紊亂，造成人們的生活形式急遽變化，企業必須在資料蒐集和處理方面更加彈性，將預測結果更快速應用在商業決策上，來提高企業的競爭力。

　　機器學習即服務 (Machine Learning as a Service, MLaaS) 是一種雲端平台，提供資料處理、模型訓練、模型評估和部署等機器學習自動或半自動化服務，模型預測的結果可以通過 REST APIs 來查看。MLaaS 平台可以讓沒有 (或少量) 資料科學專業知識的人員，能夠快速進行訓練和部署模型，解決工作或生活上的各項問題。目前 Microsoft Azure Machine Learning、Google Cloud AI 和 Amazon Machine Learning，是市場上領先的 MLaaS 平台。每個平台都有其優缺點，本書僅介紹微軟的 Azure 機器學習服務。

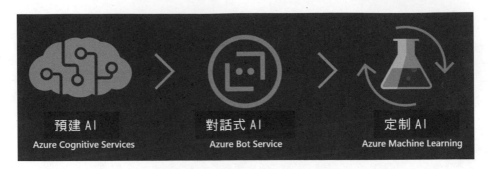

預建 AI
Azure Cognitive Services

對話式 AI
Azure Bot Service

定制 AI
Azure Machine Learning

Azure 的人工智慧服務 (圖取自微軟 Azure 官網)

11.1.1 Azure 機器學習服務

Azure 機器學習是一種雲端服務，可以加速開發和管理機器學習方案。一個機器學習方案的生命週期，可大致區分成訓練和部署模型、機器學習管理作業 (MLOps) 兩個部分。利用 Azure 機器學習的內建工具、開放原始碼架構和程式庫，可以快速建置及訓練模型。使用 MLOps 工具可以快速輕鬆地部署 ML 模型，並有效管理模型。使用 Azure 機器學習服務，具備以下優點：

一. 快速開發出具準確效能的模型

Azure Machine Learning Studio (Azure 機器學習工作室，或稱 Azure 機器學習 Studio) 是 Azure 機器學習的網路平台，支援所有建置、訓練及部署模型的機器學習開發工作。Azure 機器學習 Studio 提供開放原始碼架構、程式庫、Jupyter 筆記本共同作業、自動化機器學習、特徵工程、超參數整理、偵錯工具、分析工具…等強大功能，可以快速開發出具準確效能的模型，節省開發成本並快速實現 AI 的功能。

二. 使用機器學習作業 (MLOps) 大規模執行作業

利用 MLOps 工具在內部、邊緣和多重雲端環境中，加快部署及管理眾多模型的速度。使用可控的端點能協助快速部署、評分 ML 模型，並以批

次和即時方式進行預測。使用可重複的管線作業，自動執行持續整合與持續傳遞 (CI / CD) 的工作流程。持續監視模型效能計量、偵測資料變動，以及必要時啟動重新訓練，來改善模型的效能。整個機器學習生命週期中，都能使用 MLOps 有效追蹤和紀錄，並進行稽核和管理。

三. 提供可靠的機器學習模型評估

在機器學習模型評估方面，提供可重現且自動化的工作流程，來評估模型的公平性、可解釋性、錯誤分析、原因分析、模型績效和資料分析。在負責任 AI 儀表板上，以計分卡方式將負責任 AI 的原則量化，方便方案關係人參與審查，並提供可靠且負責任的機器學習解決方案。

四. 在安全並符合規範的多元平台上進行

使用包含身分識別、驗證、資料、網路、監視、治理與合規性等的綜合功能，提升整個機器學習生命週期的安全性。於內部部署訓練及部署模型，以符合資料管理的要求。可以利用內建包括聯邦風險與授權管理計畫 (FedRAMP High) 和健康保險流通與責任法案 (HIPAA)…等多項認證，完整有效管理機器學習模型是否符合規範。

Azure 機器學習 Studio 提供下列功能：

1.　Azure 自動化機器學習(Automated machine learning)

自動化機器學習功能可以讓非專家從資料處理開始，不需要撰寫任何程式碼就能快速建立機器學習模型。

2.　Azure 機器學習設計工具(Azure Machine Learning designer)

機器學習設計工具是一種圖形化的介面，透過拖曳相關元件的操作，不需要撰寫程式碼就能進行機器學習方案的開發。

3. 資料和計算管理

專業的資料科學家可以運用雲端式資料儲存體和計算資源,來執行程式碼處理大量的資料。

4. 管線(Pipelines)

資料科學家、軟體工程師和 IT 營運專家可定義管線,來協調模型訓練、部署和管理工作。

11.1.2 Azure 機器學習方案的生命週期

在 Azure 機器學習 Studio 中可以自行建立模型,或使用從開放原始碼平台 (例如 Pytorch、TensorFlow 或 scikit-learn) 所建立的模型。利用 MLOps 工具可協助監視、重新訓練和重新部署模型。

開發機器學習方案要先定義問題確定具體的目標,然後收集和準備相關的資料,接著就是模型的訓練、評估、部署、監視和管理。機器學習方案通常需要多人參與,透過 Studio 的工作區組織方案,並允許所有使用者共同作業,來達成共同的目標。工作區中的使用者可以輕鬆地共用實驗的執行結果,或是將設定版本的資源用於環境和儲存體的作業。機器學習方案的生命週期主要如下圖所示:

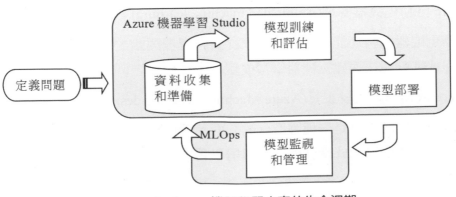

▲ Azure 機器學習方案的生命週期

11.1.3 使用 Azure ML 設計工具開發模型流程

Azure 機器學習工作室是開發機器學習模型的環境，其中提供「筆記本」、「自動化 ML」和「設計工具」三種建立機器學習模型的方式。

❖ 筆記本：可以透過 Jupyter Notebook 編輯器，用 Python 或 R 語言自己撰寫程式碼，來建立、訓練、測試和部署機器學習模型。

❖ 自動化 ML：可以透過一系列的對話方塊介面，不需撰寫程式碼以自動化方式來建立 ML 模型。

❖ 設計工具：提供可視畫布使用拖放資料集和元件方式，不需撰寫程式碼就能建立 ML 管線，來訓練、測試和部署機器學習模型。

不管是使用哪種設計模型，都要先建立一個機器學習「工作區」。因為工作區是機器學習的最上層資源，提供預先設定的雲端架構環境，用以訓練、部署、自動化、管理及追蹤機器學習模型。使用「設計工具」開發機器學習模型的流程如下圖所示，下面以實作範例詳細說明操作的步驟。

▲ 使用 Azure ML 設計工具開發模型流程圖

11.1.4 如何建立 Azure 機器學習服務工作區

一. 開啟微軟 Azure 服務入口網站

要使用 Azure 機器學習服務，就要先進入 Azure 的入口網站，網址為「https://portal.azure.com/」。登入後可以點選「Azure Machine Learning」項目。如果沒有出現該項目，可以在上方搜尋資源處輸入「machine」，就

會列出包含 machine 關鍵詞的服務項目，選擇其中「Azure Machine Learning」項目即可。

▲ 點選「Azure Machine Learning」圖示開始 Azure 機器學習服務

▲ 輸入關鍵詞搜尋 Azure 機器學習服務

二. 建立機器學習工作區

要使用 Azure 機器學習服務，必須先有一個工作區 (workspace)。工作區是 Azure 機器學習的最上層資源，會集中處理所有建立的作業，並保留所有執行的歷程記錄。點按「建立 workspace」鈕會進入建立機器學習工作區的步驟。

三. 建立工作區的基本資料

在「基本」索引標籤要輸入如「資源群組」(資源群組會保留 Azure 方案的相關資源)、「工作區名稱」(可識別工作區的名稱)、「容器名稱」(必須是唯一名稱)…等資料,這些名稱建議使用機器學習的主題加上日期或英文姓名,以方便識別也避免和別人相同。

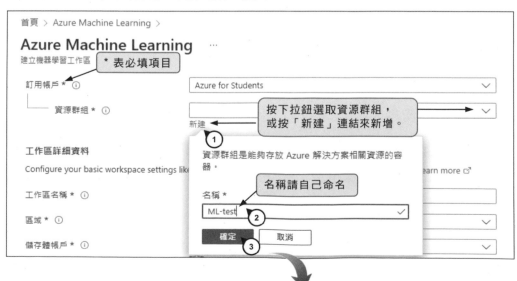

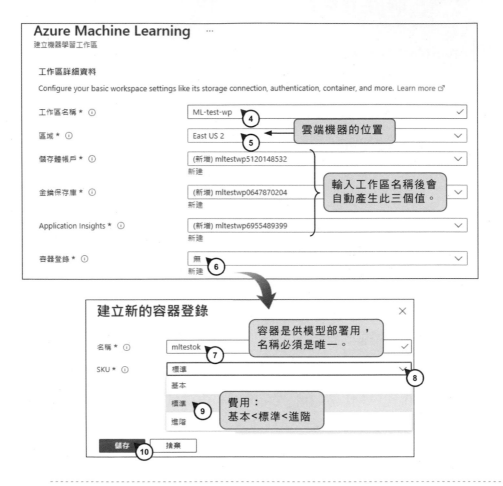

> **Tips** 如果不再使用機器學習的資源時，請務必刪除所建立的資源群組以免產生額外的費用。

四. 設定網路資料

設定好基本資料後，按「下一步」鈕繼續。接著設定要使用公開網路或是私人網路端點，此處點選「Enable public access form all networks」選擇公開網路，然後按「下一步」鈕繼續。

五. 設定進階資料

設定 Azure 資源的驗證、存取權限，以保護資料的安全。

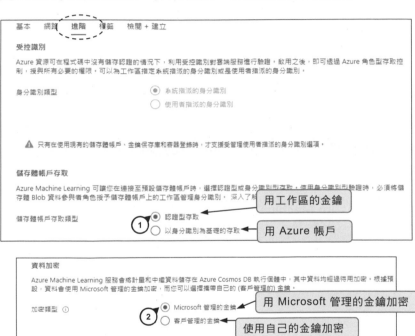

六. 設定標籤資料

標籤用來標記 Azure 機器學習中資料集的目標欄位，可以集中建立、管理及監視資料標籤專案，在此可以先不用設定。

七. 建立機器學習工作區

在「檢閱+建立」索引標籤中，可以查看剛才的設定資料，如果沒有錯誤就按「建立」鈕，就會建立機器學習工作區。

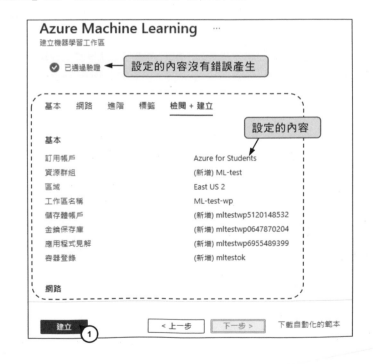

八. 前往 Azure 機器學習資源

　　設定好工作區之後，就會進入 Azure 機器學習服務首頁，部署會花幾分鐘。部署完成後點按下方的「前往資源」鈕，就會進入剛才建立的機器學習工作區。

九. 啟動 Azure 機器學習工作室

　　點按下方的「啟動工作室」鈕，就會進入 Azure 機器學習工作室(Studio) 介面，來進行機器學習的作業。

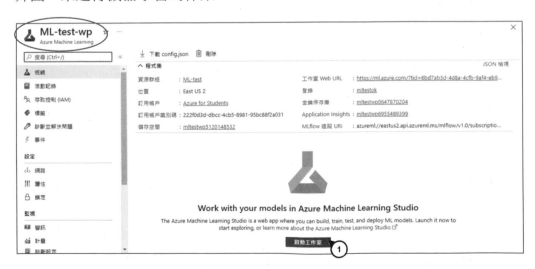

十. 設定 Azure 機器學習工作室為中文介面

進入 Azure 機器學習工作室 (Studio) 介面後，如果想將介面改為中文，可以按 ⚙ 鈕來進行設定。

11.2 Azure 機器學習設計工具的工作流程

11.2.1 Azure 機器學習設計工具功能

Microsoft Azure Machine Learning Studio (Azure 機器學習工作室) 是 Azure 機器學習的網路操作環境，支援 Edge、Chrome 和 Firefox 瀏覽器。要注意舊版的 Machine Learning Studio (classic，傳統版) 從 2021 年 12 月 1 日起不能使用，而且支援將於 2024 年 8 月 31 日結束。

工作室的左邊為功能表列 (工具列)，右邊會顯示目前的資源和相關訊息。功能表列主要分成「作者」(Author)、「資產」(Asset) 和「管理」(Manage) 三類。「作者」中有「筆記本」(Notebooks)、「自動化 ML」(Automated ML) 和「設計工具」(Designer) 三種建立機器學習模型的方式。

「資產」中提供建立模型的各種元件,例如「資料」、「元件」、「模型」…等。「管理」中提供管理模型的各種元件,例如「計算」、「資料存放區」…等。在工作區的功能表列中點按「設計工具」功能項目,就可進入 Azure 機器學習工作室的設計工具介面。

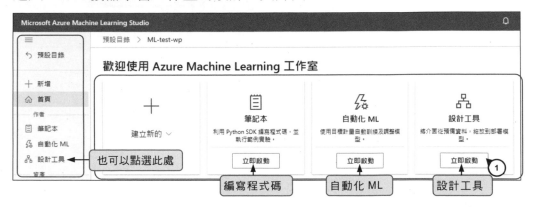

11.2.2 Azure 機器學習設計工具環境

　　機器學習設計工具或稱機器學習設計器,提供了一個視覺化的介面稱為畫布,可以使用拖放元件(或稱模組)和連接管線(pipeline,或稱管道)方式,來構建、測試和部署機器學習模型。使用機器學習設計工具,可以不用編寫程式碼,就能建立機器學習模型器。

在 Azure 機器學習工作室設計工具介面，可以在上圖按「+」鈕來新增一個新的空白管線草稿。也可以點選預設的管線範例，如果模型的架構相似時可以加快設定速度。

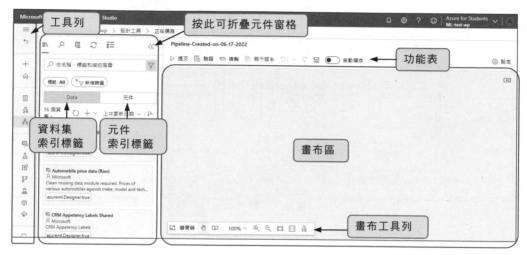

(▲) Azure 機器學習工作室設計工具介面

11.2.3 Azure 機器學習的管線簡介

　　管線 (pipelines) 是由資料集和分析元件所組成，用來建立訓練單一或多個 ML 模型的管線流程，可以方便重複使用作業及組織機器學習專案。在設計工具中編輯管線時，可以隨進度儲存為管線草稿 (pipeline draft)。當管線草稿完成後，就可以提交管線執行 (pipeline run)。每次執行管線時，管線的設定和結果都會以管線執行的形式儲存在工作區，可以隨時進行編輯、錯誤排除解或稽核。管線執行會分組到各個實驗 (experiments) 中，來組織執行歷程的記錄。

　　Azure 機器學習的管線 (pipeline) 由一或多個階段 (stage) 所組成，是定義測試、建置和部署步驟執行方式的工作流程，由觸發程序 (trigger) 呼叫管線執行。階段 (stage) 中包含一或多個作業 (job)。作業是一組步驟(step)的執行集合，作業可以單獨或在代理程式 (agent) 上執行。每個代理程式會執

行包含一或多個步驟的作業。步驟可以是工作 (task) 或腳本 (script)，是管線的最小組件。工作是在管線中定義的自動化組件，是封裝的腳本或程式。例如可以設計一個管線其中一個階段有兩個作業，一個作業適用於 x86；另一個作業則適用 x64。Azure 機器學習的管線結構圖示如下：

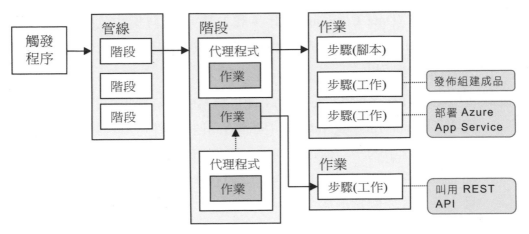

▲ Azure 機器學習管線結構圖 (取自微軟 Azure 官網)

11.2.4 使用設計工具建立模型管線的工作流程

使用設計工具來建立機器學習模型管線時，操作方式為拖放元件，其主要的工作流程如下圖所示。工作流程會因為資料的情況和預測的目標，流程的步驟可以增加或省略。

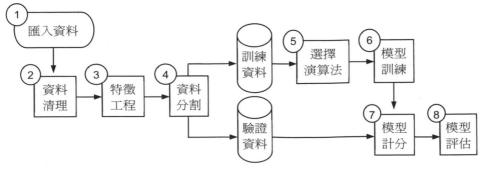

▲ Azure 機器學習設計工具的基本工作流程圖

1. 匯入資料集 (Datas)：此步驟在為模型輸入資料集，可以指定內建的資料集，甚至是自己本機或是網路中的資料集檔案。例如使用『Select Columns in Dataset』(選取資料集中的資料行) 元件，可以選取資料集中要處理的資料行。

2. 資料清理 (Data Cleaning)：此步驟為處理資料集中的資料，例如『Clean Missing Data』(清除遺漏的資料) 元件，可以移除含遺漏值 (缺失值) 的資料列。

3. 特徵工程 (Feature Engineering)：此步驟為處理資料集中的特徵欄位，例如『Impute missing values』(插補遺漏值) 元件可以針對數值特徵，使用資料行中的平均值進行插補。又例如『Generate more features』(產生更多特徵) 元件可以針對 DateTime 格式的特徵，分割成年、月、日...等多個特徵欄位。

4. 資料切割 (Data Split)：此步驟是將資料集切割為訓練資料 (Training Data) 及驗證資料 (Test Data)，並可以指定訓練及驗證資料的比例，通常設為 7：3。

5. 選擇演算法 (Learning Algorithms)：此步驟要根據模型目標來指定適當的演算法，例如『Linear Regression』(線性迴歸) 演算法元件可以來做監督式的迴歸模型。

6. 模型訓練 (Model Training)：此步驟可以使用『Train Model』(定型模型) 元件，來訓練模型。

7. 模型計分 (Score Model)：此步驟可以使用『Score Model』(評分模型) 元件，來衡量迴歸和分類模型預測的效能。

8. 模型評估 (Evaluate Model)：此步驟可以使用『Evaluate Model』(評估模型) 元件，來評估模型效能的優劣。

11.3 使用 Azure 機器學習設計工具建立模型

在本節將實作分類機器學習模型，透過實作來了解使用 Azure 機器學習設計工具，建立機器學習模型的具體步驟。

11.3.1 資料集結構介紹

本範例使用鳶尾花卉資料集 (iris.data)，可用來預測鳶尾花的品種，是機器學習最經典的資料集。鳶尾花卉資料集是由英國統計學家 Ronald Fisher 爵士，對加斯帕半島上的鳶尾屬花朵所記錄的花瓣、花萼的長、寬資料，藉此區分成山鳶尾 (setosa)、變色鳶尾 (versicolor)和維吉尼亞鳶尾 (virginica) 三個品種。資料集中有 150 個資料第一列為標題列，每個資料含有 4 個關於花卉的特徵屬性和一個標籤屬性 (class)，class 就是標籤資料行 (目標資料行)，鳶尾花卉資料集結構表列如下：

屬性	sepal_length	sepal_width	petal_length	petal_width	class
說明	花萼長度	花萼寬度	花瓣長度	花瓣寬度	品種分類
屬性值	浮點數(cm)	浮點數(cm)	浮點數(cm)	浮點數(cm)	iris_setosa, iris_versicolor, iris_virginica
範例	5.1	3.5	1.4	0.2	iris-setosa

11.3.2 建立分類模型操作步驟

一. 建立新的管線

依照 11.2.2 節介紹的方法，在 Azure 機器學習工作室先點按「設計工具」功能，然後建立一個新的管線，管線預設以 Pipeline-Created-on-加上日期為名稱。

二. 規劃分類模型管線草稿

1. 匯入資料集：

先點按「設計工具」功能，在元件窗格中點選「Data」索引標籤，然後依照下面步驟載入本機的 iris.data (資料集檔案在書附範例 dataset 資料夾中)。最後將 iris.data 資料集拖曳到畫布的上方，作為機器學習模型管線的起點。

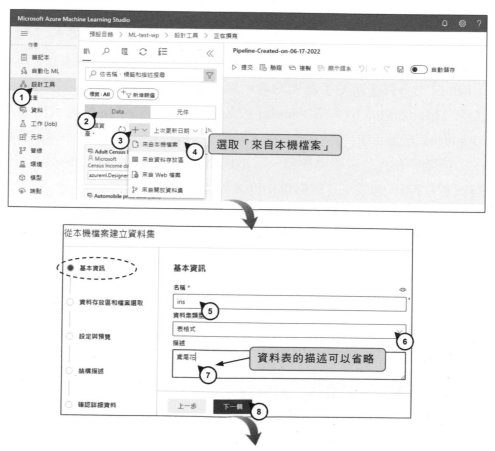

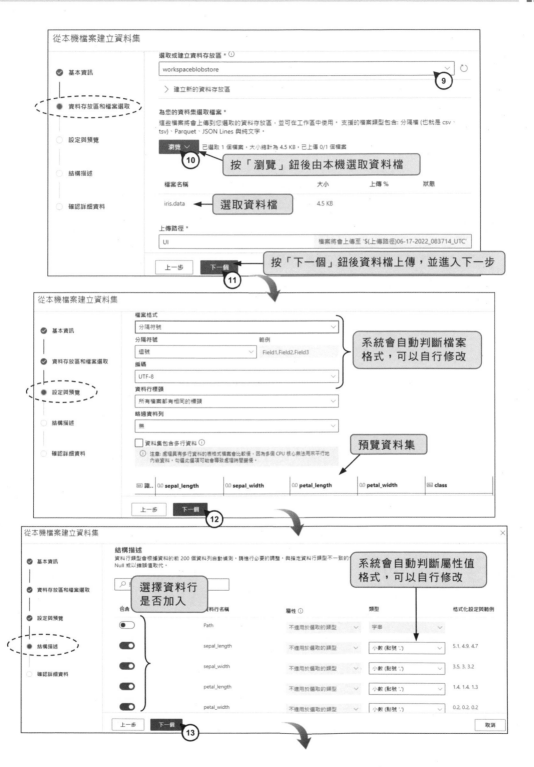

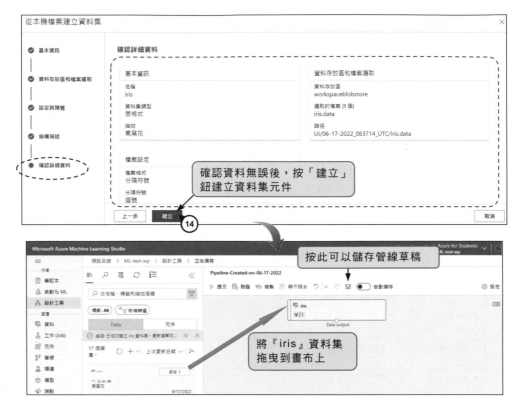

先在元件窗格中點選「元件」索引標籤,因為元件眾多所以在搜尋方塊中,輸入元件名稱可以快速找到。拖曳『Select Columns in Dataset』元件到畫布,來執行選取資料集中的資料行。最後將『iris』資料集和『Select Columns in Dataset』元件用管線連接,來設定流程方向。

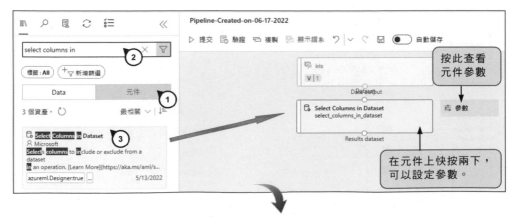

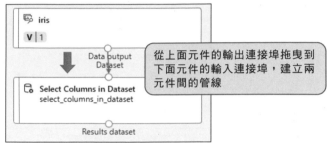

2. 資料清理：

因為此資料集內的資料內容已經整理妥當，其中沒有遺漏值和離散值的資料，所以此步驟可以省略。

3. 特徵工程：

因為此資料集內的特徵欄位適當，所以此步驟可以省略。

4. 資料切割：

拖曳『Split Data』元件到畫布，並設定第一筆輸出資料比例的參數值為 0.7，也就是設定訓練資料及驗證資料以 7：3 比例切割。

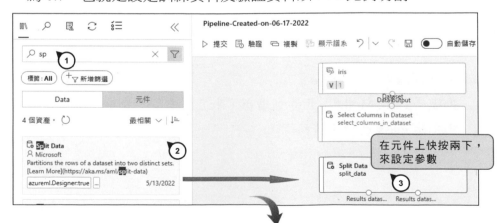

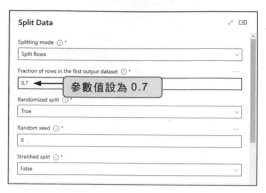

5. 選擇演算法：

拖曳『MultiClass Boosted Decision Tree』(多元促進式決策樹) 演算法元件到畫布，用來建立監督式的分類模型。

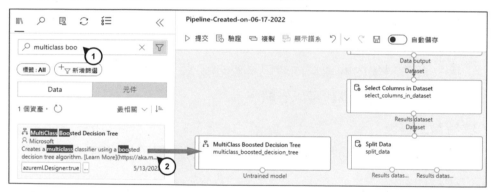

Tips 可以用來建立監督式的分類模型的演算法很多，因為鳶尾花的分類有三種，所以不用二元的演算法而採用 MultiClass Boosted Decision Tree 多元促進式決策樹演算法。

6. 模型訓練：

拖曳『Train Model』元件到畫布，來進行模型的訓練，並設定元件參數指定 class 為標籤資料行。

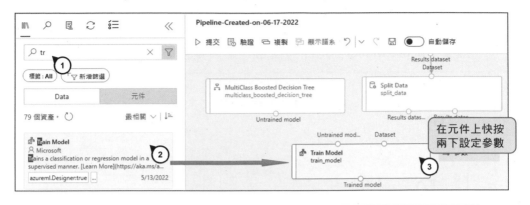

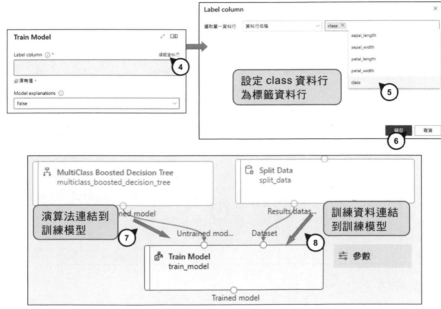

7. 模型計分：

拖曳『Score Model』元件到畫布，來衡量模型的效能。

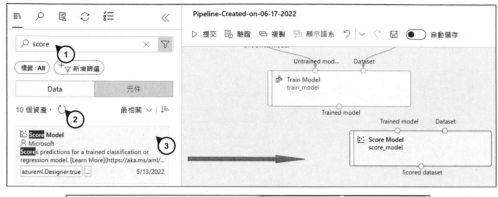

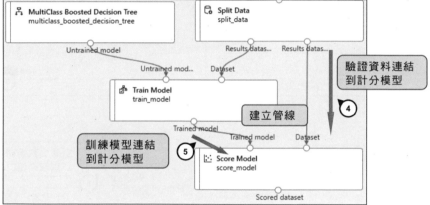

8. 模型評估：

拖曳『Evaluate Model』元件到畫布，來評估模型的優劣。

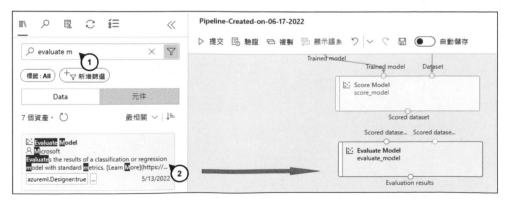

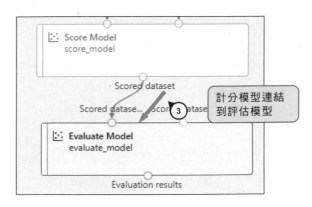

9. 管線草稿完成：

管線草稿規劃完成，整體管線流程如下：

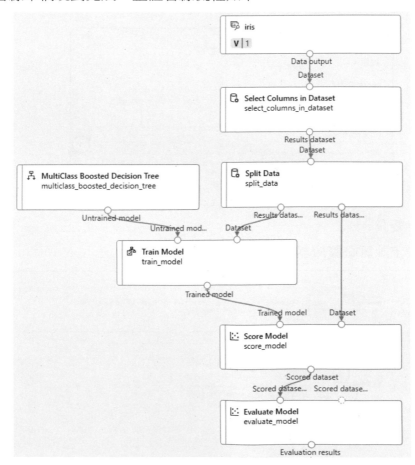

⊙ 鳶尾花分類模型管線圖

三. 設定計算目標

分類機器學習模型的管線草稿規劃完後，可以點按畫布功能表右邊的
⚙ 設定 功能，來設定機器學習模型計算的目標。

1. 選取計算類型：

機器學習模型計算的類型在開發階段有「計算執行個體」和「計算叢
集」，「計算執行個體」是一台虛擬機器，而「計算叢集」則是多台
互相支援的虛擬機器。選取「計算執行個體」然後按「建立 Azure
ML 計算執行個體」連結，來建立計算執行個體。執行個體是可用來
處理資料和模型的開發工作站

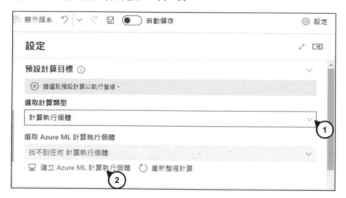

2. 必要設定：

設定計算虛擬機器的基本必要條件。

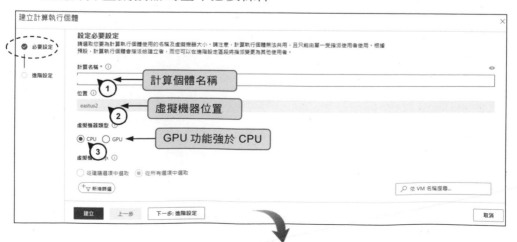

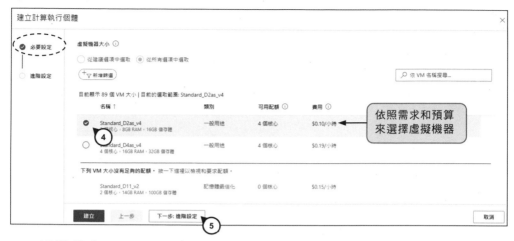

3. 進階設定：

　　設定計算虛擬機器的進階條件，設定後按「建立」鈕建立計算個體。

4. 計算個體建立完成：

　　計算個體建立需要幾分鐘時間，完成後會顯示該計算個體正在執行。

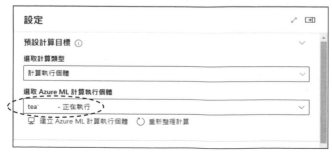

四. 提交執行

　　分類機器學習模型的管線草圖規劃完成，模型計算個體也設定完成後，可以點按畫布功能表的「▷提交」功能，依照管線草稿來執行機器學習模型的作業 (job)。

1. 建立作業：

   此步驟將管線草稿提交為作業來執行機器學習模型，請依照下圖所示建立新的作業。

2. 作業提交完成：

   作業提交後系統會依照管線草稿的流程執行，若正確無誤會出現 ✓，否則會出現錯誤訊息。按「Job detail (作業詳細資料)」可以查看執行過程和細節。

Tips 管線草稿提交後，如果有錯誤產生，就
必須將錯誤排除才能執行。通常是元件
的參數沒有設定正確，只要重新設定即
可。另外，也可能是演算法選擇不適
當，此時就要刪除原演算法元件，再更
換新的演算法。

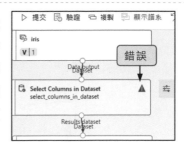

3. 觀察作業流程：

機器學習模型作業會依照資料集的大小，演算法的複雜程度，以及虛
擬機器的效能，花費一段時間來執行。

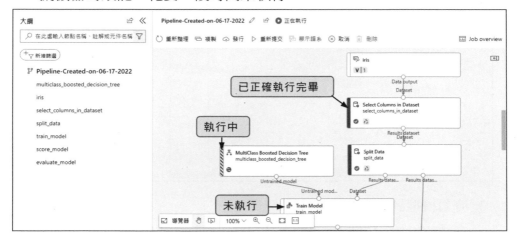

五. 評估模型

機器學習模型的作業執行完畢後，就可以來查看模型運算的結果。

1. 查看模型分數：

在『Score Model』元件上按右鍵，執行「預覽資料 / Scored dataset」
項目，會顯示各筆資料列演算後的結果。

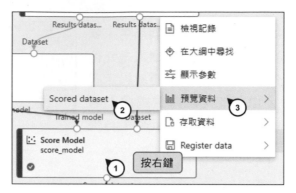

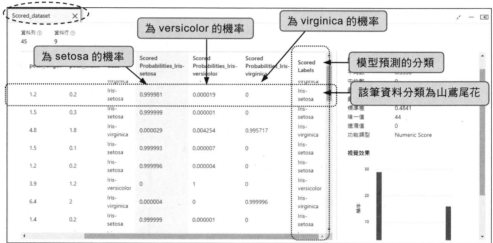

2. 查看模型評估結果：

在『Evaluate Model』元件上按右鍵，執行「預覽資料 / Evaluation results」項目，會顯示模型評估後的結果。。

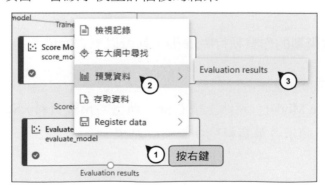

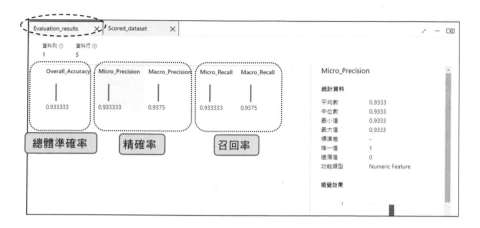

11.3.3　建立迴歸模型操作步驟

一. 資料集結構介紹

本範例使用系統內建的 Automobile price (汽車價格) 資料集,該資料集有 205 筆資料列,每筆資料有 26 個屬性,最後一行 price 是標籤資料行。因為該資料集為沒有經過處理的原始資料,所以必須做資料清理動作。

二. 建立新的管線

在 Azure 機器學習工作室先點按「設計工具」功能,然後建立一個新的管線。

三. 規劃分類模型管線草稿

1. 匯入資料集:
   先將內建的『Automobile price data (Raw) 』資料集拖曳到畫布。然後拖曳『Select Columns in Dataset』元件到畫布,並設定元件參數選取資料集中所有的資料行。

2. 資料清理：

因為此資料集內的資料內容未經整理，所以拖曳『Clean Missing Data』元件到畫布，並選擇清理的規則與處置方法。

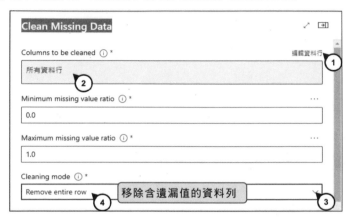

3. 特徵工程：

拖曳『Select Columns in Dataset』元件到畫布，並設定元件參數選取資料集中的「make」(廠牌)、「body-style」(車型)、「engine-size」(排氣量)、「horsepower」(馬力)、「price」(價格) 五個資料行。

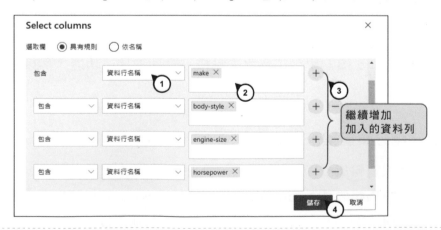

Tips

本實作由 25 個屬性中選擇此 4 個屬性來預測 price 值(汽車價格)，此方式稱為降維可以提高模型執行的效率。但是選擇的屬性可能無法和價格高度相關，所以需要多次更換或增減屬性來測試模型的效能。

4. 資料切割：

拖曳『Split Data』元件到畫布，並設定第一筆輸出資料比例的參數值為 0.7，也就是設定訓練資料及驗證資料以 7：3 比例切割。

5. 選擇演算法：

拖曳『Linear Regression』(線性迴歸) 演算法演算法元件到畫布，用來建立監督式的迴歸模型。

6. 模型訓練：

拖曳『Train Model』(訓練模型)元件到畫布，來進行模型的訓練，並設定元件參數指定 price 為標籤資料行。

7. 模型計分：

拖曳『Score Model』元件到畫布，來衡量模型的效能。

8. 模型評估：

拖曳『Evaluate Model』元件到畫布，來評估模型的優劣。

9. 管線草稿完成：

管線草稿規劃完成，整體流程如下：

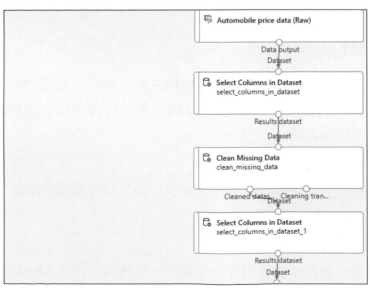

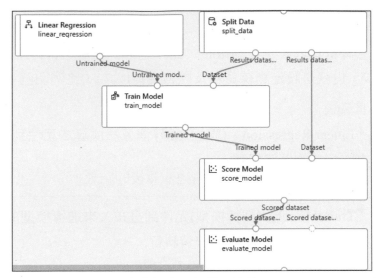

（▲）汽車價格迴歸模型管線圖

二. 設定計算目標

　　汽車價格迴歸機器學習模型的管線草稿規劃完後，可以點按畫布功能表右邊的 ⚙ 設定 功能，來設定機器學習模型計算的目標。因為前面已經建立好「計算執行個體」，所以就直接選用即可。

三. 提交執行

　　迴歸機器學習模型的管線草圖規劃完成，模型計算個體也設定完成後，可以點按畫布功能表的「▷提交」功能，依照管線草稿來執行機器學習模型的作業(或稱為實驗)。

1. 建立作業：
   此步驟將管線草稿提交為作業來執行機器學習模型，請建立新的作業用「car」或自行命名。

2. 作業提交完成：
   作業提交後系統會依照管線草稿的流程執行，按「Job detail (作業詳細資料)」可以查看執行過程和細節。

四. 評估模型

　　機器學習模型的作業執行完畢後，就可以在「作業詳細資料」中查看模型運算的結果。

1. 查看模型分數：

　　在『Assign Data to Clusters』元件上按右鍵，執行「預覽資料 / Scored dataset」項目，會顯示各筆資料列演算後的結果。

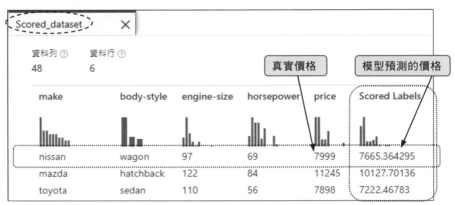

2. 查看模型評估結果：

　　在『Evaluate Model』元件上按右鍵，執行「預覽資料 / Evaluation results」項目，會顯示模型評估後的結果。平均絕對誤差和均方根誤差值越小表示模型的效能越好，但要和其他模型比較。決定係數越接近 1，表示被迴歸模型解釋的能力越大，效能越好。

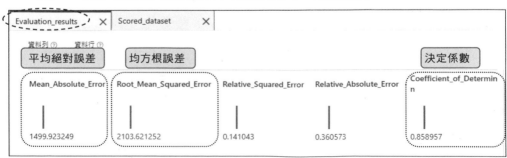

11.3.4 建立叢集模型操作步驟

一. 資料集結構介紹

本範例使用前面用過的鳶尾花卉資料集 (iris.data)，但是改用叢集模型來預測鳶尾花的品種。因為叢集模型是屬於非監督式機器學習，所以 class 標籤資料行必須移除，只使用 4 個關於花卉的特徵資料行。

二. 建立新的管線

在 Azure 機器學習工作室先點按「設計工具」功能，然後建立一個新的管線。

三. 規劃分類模型管線草稿

1. 匯入資料集：

因為 iris.data 已經載入 (資料集檔案在書附範例 dataset 資料夾中)，所以直接將 iris.data 資料集拖曳到畫布。然後拖曳『Select Columns in Dataset』元件到畫布，設定元件參數來選取資料集中 class 標籤資料行除外的資料行。

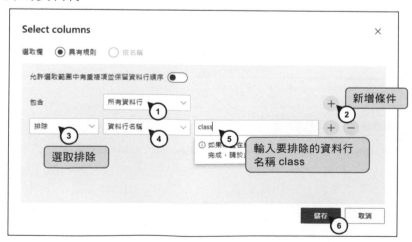

2. 資料清理：

因為此資料集內的資料內容已經整理妥當，所以省略此步驟。

3. 特徵工程：

因為此資料集內的特徵欄位適當，所以省略此步驟。

4. 資料切割：

拖曳『Split Data』元件到畫布，並設定第一筆輸出資料比例的參數值為 0.7，也就是設定訓練資料及驗證資料以 7:3 比例切割。

5. 選擇演算法：

拖曳『K-Means Clustering』(K 平均) 演算法元件到畫布，用來建立非監督式的叢集模型。將 Number of centroids (距心數) 參數設為 3 也就是 K 值為 3，如果模型預測效能不好時，可以再調整參數值。

6. 模型訓練：

拖曳『Train Clustering Model』(訓練叢集模型) 元件到畫布，來進行叢集模型的訓練。

7. 模型計分：

拖曳『Assign Data to Clusters』(將資料指派給叢集) 元件到畫布，來衡量模型的效能。

8. 模型評估：

拖曳『Evaluate Model』元件到畫布，來評估模型的優劣。

9. 管線草稿完成：

管線草稿規劃完成，整體流程如下：

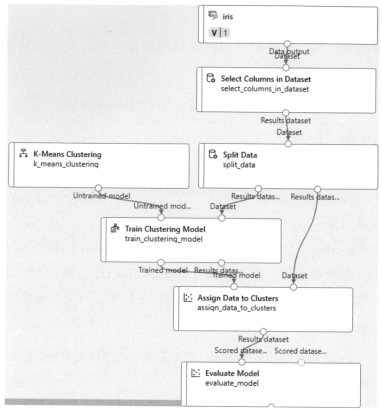

⬆ 鳶尾花叢集模型管線圖

二. 設定計算目標

　　點按畫布功能表右邊的 ⚙ 設定 功能，來設定機器學習模型計算的目標。因為前面已經建立好「計算執行個體」，所以只要直接選用即可。

三. 提交執行

　　點按畫布功能表的「▷提交」功能，依照管線草稿來執行機器學習模型的作業 (或稱為實驗)。

1. 建立作業：

此步驟將管線草稿提交為作業來執行機器學習模型，建立新的作業用「iris2」或自行命名。

2. 作業提交完成：

正確無誤後按「Job detail」(作業詳細資料) 查看執行過程和細節。

四. 評估模型

機器學習模型的作業執行完畢後，可以在「作業詳細資料」中查看模型運算的結果。

1. 查看模型分數：

在『Assign Data to Clusters』元件上按右鍵，執行「預覽資料 / Scored dataset」項目，會顯示各筆資料列演算後的結果。

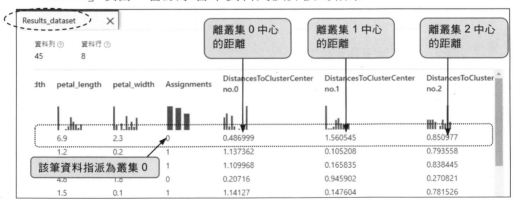

2. 查看模型評估結果：

在『Evaluate Model』元件上按右鍵，執行「預覽資料 / Evaluation results」項目，會顯示模型評估後的結果。K-Means Clustering 演算法結果，資料離中心距離越近，離其他中心距離越遠，表示分群的效果越好。

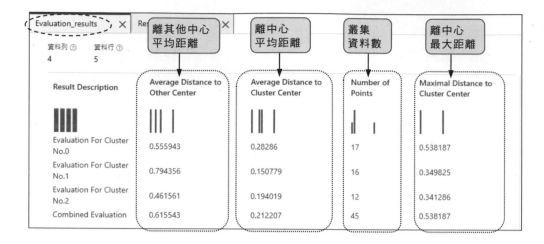

Tips 本實作因為已經知道鳶尾花有三個品種，所以直接將 K 值 (超參數) 設為 3。如果是在未知的情況下，就要使用 elbow method、gap statistic … 等方法來決定最佳的 K 值。

11.4 模擬試題

 題目(一)

自動化機器學習無需程式設計經驗即可實現機器學習解決方案，請問上面敘述是否正確？(請填 O 或 X)

 題目(二)

Azure 機器學習設計器提供了一個拖放式可視畫布，用來構建、測試和部署機器學習模型，請問上面敘述是否正確？(請填 O 或 X)

 題目(三)

Azure 機器學習設計器支援您將進度另存為管道草稿，請問上面敘述是否正確？(請填 O 或 X)

題目(四)

Azure 機器學習設計器提供您可包含自定義的 JavaScript 函數，請問上面敘述是否正確？(是非題請填 O 或 X)

題目(五)

您必須利用現有的資料集建立訓練資料集和驗證訓練資料集。您應該使用 Azure 機器學習設計工具的哪些模組？
① 新增資料列　② 選取資料集中的資料行
③ 合併資料　④ 分割資料

題目(六)

Azure 機器學習設計器允許您透過以下方式建立機器學習模型？

① 在可視畫布上添加和連接模組。

② 自動執行常見的數據準備任務。

③ 自動選擇一種演算法來建立最準確的模型。

④ 使用 Code First 的筆記本體驗。

題目(七)

您想要使用設計工具部署 Azure Machine Learning 模型，應該依序執行下列哪四項動作？(請將適當的動作按照正確順序排列)

①　內嵌及準備資料集。

②　定型模型。

③　對驗證資料集評估模型。

④　對原始資料集評估模型。

⑤　將資料隨機分割為訓練資料與驗證資料。

題目(八)

您需要使用 Azure 機器學習設計工具建置能預測汽車價格的模型。您應該使用哪種模組類型來完成此模型？(試將適合的選項放到 A,B,C 區域)

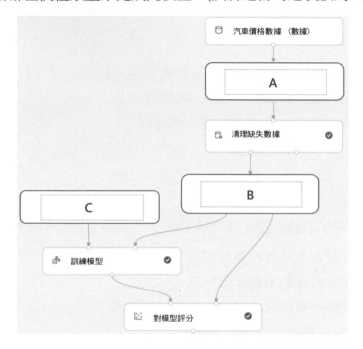

① 轉換為 CSV　② K 均值叢集　③ 線性迴歸

④ 選擇資料集中的資料行　⑤ 分割資料　⑥ 摘要資料

 題目(九)

您會使用 Azure 機器學習設計工具發佈推斷管線，您應該使用哪兩個參數以取用管線？

① 模型名稱　② 訓練端點　③ 驗證金鑰　④ REST 端點

 題目(十)

請問可以使用哪兩種語言為 Azure 機器學習設計器編寫自定義代碼？

① C#　② Python　③ R　④ Scala？

A.1 AI 原則與 AI 工作負載

一. 是非題

1. （　）「根據歷史數據來預測西德州原油價格。」，是 Azure 的異常偵測服務的工作範圍。

2. （　）「根據病患的病歷資料預測病患是否會罹患糖尿病。」，是 Azure 的異常偵測服務的工作範圍。

3. （　）「根據查找與通常模式的偏差來識別可疑的登錄。」，是 Azure 的異常偵測服務的工作範圍。

4. （　）「AI 系統根據傷勢，確定保險理賠優先順序。」，是遵守負責任的 AI 的可靠性和安全性原則。

5. （　）「AI 系統可以提出貸款申請結果的解釋。」，是遵守負責任的 AI 的透明度原則。

6. （　）「AI 系統針對不同銷貨地區決定不同銷售價格。」，是遵守負責任的 AI 的包容性原則。

二. 選擇題

1. (　)「預測下個月的雞蛋銷售。」，是 Azure 的哪個服務的工作範圍？

   ① 機器學習(迴歸)　② 自然語言處理　③ 電腦視覺　④ 異常偵測

2. (　)「判斷社群交媒體貼文的情緒。」，是 Azure 的哪個服務的工作範圍？

   ① 機器學習(迴歸)　② 自然語言處理　③ 電腦視覺　④ 異常偵測

3. (　)「判斷照片中是否包含貓咪。」，是 Azure 的哪個服務的工作範圍？

   ① 機器學習(迴歸)　② 自然語言處理　③ 電腦視覺　④ 異常偵測

4. (　)「判斷新聞報導是正面還是負面的。」，是 Azure 的哪個服務的工作範圍？

   ① 自然語言處理　② 機器學習(迴歸)　③ 電腦視覺　④ 異常偵測

5. (　)「以聊天方式回答農遊券使用上的問題。」，是 Azure 的哪個服務的工作範圍？

   ① 自然語言處理　② 交談式 AI　③ 電腦視覺　④ 異常偵測

6. (　)「識別手寫文字。」，是 Azure 的哪個服務的工作範圍？

   ① 自然語言處理　② 交談式 AI　③ 電腦視覺　④ 異常偵測

7. (　)「從文本形式儲存的碩士論文中提取關鍵術語來產生摘要。」，是 Azure 的哪個服務的工作範圍？

   ① 自然語言處理　② 交談式 AI　③ 電腦視覺　④ 異常偵測

8. (　)「識別疑似盜刷信用卡。」，是 Azure 的哪個服務的工作範圍？

   ① 自然語言處理　② 交談式 AI　③ 電腦視覺　④ 異常偵測

9. （　）下列何者不是負責任的 AI 的指導原則？

①可靠性和安全性　②公平性　③包容性　④果斷性

10.（　）「AI 系統不得基於性別、種族或年齡產生歧視。」，是遵守負責任的 AI 的哪一個原則？

①可靠性和安全性　②公平性　③包容性　④隱私權和安全性

11.（　）「實施過程中確保 AI 系統所做的決定可以被人類推翻。」，是遵守負責任的 AI 的哪一個原則？

①可靠性和安全性　②公平性　③包容性　④權責性

12.（　）「訓練 AI 系統的資料集的偏差，不應該反映於 AI 系統的結果。」，是遵守負責任的 AI 的哪一個原則？

①可靠性和安全性　②公平性　③包容性　④透明性

13.（　）「為消費者提供有關其數據的收集、使用和存儲的資訊和控制。」，是遵守負責任的 AI 的哪一個原則？

①可靠性和安全性　②公平性　③隱私權和安全性　④權責性

14.（　）「確保 AI 系統按照最初的設計運行、對意外情況作出警告，並防止有害操作。」，是遵守負責任的 AI 的哪一個原則？

①可靠性和安全性　②公平性　③透明性　④權責性

15.（　）「設計出可供身障者使用的 AI 系統。」，是遵守負責任的 AI 的哪一個原則？

①可靠性和安全性　②公平性　③包容性　④權責性

16.（　）「確保自動駕駛系統在使用壽命內持續正常運行。」，是遵守負責任的 AI 的哪一個原則？

①權責性　②公平性　③包容性　④可靠性和安全性

17. (　)「設計出所有人皆可使用的數位智能助理。」，是遵守負責任的 AI 的哪一個原則？

① 權責性　② 公平性　③ 包容性　④ 可靠性和安全性

18. (　)「自動決策程序必須全程記錄，以便合法操作者可以檢識決策制定原因。」，是遵守負責任的 AI 的哪一個原則？

① 權責性　② 透明性　③ 包容性　④ 可靠性和安全性

19. (　)「只有合法使用者可以調閱個人資料。」，是遵守負責任的 AI 的哪一個原則？

① 權責性　② 透明性　③ 包容性　④ 隱私權和安全性

20. (　)「使用 AI 系統評估可否通關入境時，用於決策的原因應該是可以解釋的。」，是遵守負責任的 AI 的哪一個原則？

① 公平性　② 透明性　③ 包容性　④ 隱私權和安全性

21. (　)「處理提供給 AI 系統的異常值或缺失值。」，是遵守負責任的 AI 的哪一個原則？

① 公平性　② 透明性　③ 包容性　④ 隱私權和安全性

22. (　)您應該使用下列哪種作為來確保 AI 系統符合負責任的 AI 的透明度原則？

① 啟用自動縮放以確保服務根據需求進行擴展。

② 確保訓練數據集能夠代表總體。

③ 提供文檔以說明開發人員調試代碼。

④ 確保所有視覺物件都關聯有可由螢幕閱讀器讀取的文本。

A.2 自然語言處理

一. 是非題

1. ( ) 「辨識文件是用哪種語言書寫。」,是文字分析的服務範圍。

2. ( ) 「辨識出公共新聞網站對餐館服務品質的負面報導。」,是自然語言處理的服務範圍。

3. ( ) 「進行不同語言之間的翻譯。」,是文字翻譯的服務範圍。

4. ( ) 「說話時同步轉錄為文字。」,是語音翻譯的服務範圍。

5. ( ) 「在相片中識別出品牌 Logo。」,是自然語言處理的服務範圍。

6. ( ) 「語音檔案轉換成文字檔案。」,是語音服務的服務範圍。

7. ( ) 「辨識出貼文中的猥褻語言。」,是自然語言處理的服務範圍。

8. ( ) 「判斷文本的文字是否為法文。」,是文字翻譯的服務範圍。

9. ( ) 「從文本中解析出公司名稱。」,是文字分析的服務範圍。

10. ( ) 「說話時同步識別出關鍵實體。」,是文字分析的服務範圍。

11. ( ) 「說話時將內容翻譯為其他語言。」,是語音服務的服務範圍。

12. ( ) 「從文件中辨識出親筆簽名。」,是文字分析的服務範圍。

二. 選擇題

1. ( ) 聊天機器人需要一個模組,用來確定用戶的意圖。這模組應該使用 Azure 哪一種服務?

　① 文字翻譯 ② 語言理解(LUIS) ③ 語音 ④ QnA Maker

2. （　）「取得"我要一打雞蛋"這句話的含義。」，要使用 Azure 的哪種服務？

① 文字翻譯　② 文字分析　③ 語言理解(LUIS)　④ 語音

3. （　）「在國會上的發言，所說的每句話會被轉譯國會頻道上的字幕。」，是 Azure 的哪個服務的工作範圍？

① 語音辨識　② 文字分析　③ 語音合成　④ 語音翻譯

4. （　）以下哪一種工作是自然語言處理的服務範圍？

① 檢視圖像是否出現高齡長者。

② 自動計算餐盤內物品的總價。

③ 預測跨年晚會的觀眾數量。

④ 將電子郵件分為公務郵件或私人郵件。

5. （　）「在家裡使用語音命令打開電視機並調整音量。」，這是基於 AI 系統所發展出的哪一種產品

① 翻譯機器人　② 個人數位助理　③ 聊天機器人　④ 機器寵物

6. （　）「將義大利文的文章轉換成法文。」，是自然語言處理的哪個功能的工作範圍？

① 文字翻譯　② 情感分析　③ 關鍵片語擷取　④ 語言建模

7. （　）「要分析客戶的評論，並確定每一則評論的正面或負面影響。」，是自然語言處理的哪個功能的工作範圍？

① 文字翻譯　② 情感分析　③ 關鍵片語擷取　④ 語言建模

8. （　）「要由問卷中彙整出住戶大會的討論項目。」，是自然語言處理的哪個功能的工作範圍？

① 文字翻譯　② 情感分析　③ 關鍵片語擷取　④ 語言建模

9. ( )「從文本中辨識出人物姓名和公司名稱。」，是自然語言處理的哪個功能的工作範圍？

① 實體辨識　② 情感分析　③ 關鍵片語擷取　④ 語言建模

10. ( )「傳回文本的正負尺度。」，是自然語言處理的哪個功能的工作範圍？

① 文字翻譯　② 實體辨識　③ 關鍵片語擷取　④ 情感分析

11. ( )「要從文本了解客戶的不安程度。」，是文字分析的哪個功能的工作範圍？

① 情感分析　② 實體辨識　③ 關鍵片語擷取　④ 語言偵測

12. ( )「從大賣場的消費清單上辨識出購物清單。」，是文字分析的哪個功能的工作範圍？

① 情感分析　② 實體辨識　③ 關鍵片語擷取　④ 語言偵測

13. ( )「從統一發票上辨識出消費日期。」，是文字分析的哪個功能的工作範圍？

① 情感分析　② 實體辨識　③ 關鍵片語擷取　④ 語言偵測

14. ( ) 向對話式 AI 提問「現在舞台上是哪一組樂團進行表演？」，請問這一句問句是語言理解 (LUIS)的哪種類型元素？

① 意圖　② 話語　③ 實體　④ 領域

15. ( )「要製作能朗讀小說的應用程式。」，應該使用 Azure 哪一種服務？

① 文字翻譯　② 語言理解(LUIS)　③ 語音　④ QnA Maker

16. ( )「一篇新聞稿要以多國文字發布在社群軟體上。」，應該使用 Azure 哪一種服務？

    ① 文字翻譯　② 語言理解(LUIS)　③ 語音　④ QnA Maker

17. ( ) 建置語言理解模型時，要確保當語句超出模型預定範圍時，該模型仍可偵測。請問應該採取什麼措施？

    ① 建立新的模型　② 建立新的意圖

    ③ 建立預先建置工作實體　④ 將語句新增至 [無] 意圖

18. ( ) 以下哪一種情況，應該使用關鍵片語擷取？

    ① 判別某一部電影的評價是正面的還是負面的。

    ② 預測藝術館的訪客有興趣的藝術品。

    ③ 檢視哪些文章有提供「全球暖化」的資訊。

    ④ 為日本觀光客使用日語進行導覽。

19. ( ) 使用文字轉語音服務時，要呈現最接近人類語音的效果，應該使用下列哪一種語音？

    ① 標準語音　② 中性語音　③ 較長停頓　④ 較快語速

20. ( ) 下列哪一種服務可以進行語音轉換文字的即時轉錄？

    ① QnA Maker　② 語音　③ 語言理解(LUIS)　④ Azure 儲存體

21. ( ) 下列哪一種服務可以使用自然語言來查詢知識庫？

    ① QnA Maker　② 語音　③ 語言理解(LUIS)　④ Azure 儲存體

22. ( )「要為無音訊但有腳本的短片，配上由腳本所產生的旁白音訊。」，應該使用 Azure 哪一種功能？

    ① 語音辨識　② 語音模組化　③ 語音合成　④ 翻譯

23. (　) 有一聊天機器人可以完成下列作業「A.接受客戶以文字輸入訂單。B.檢視庫存資料。C.更新訂單狀態。」，請問該聊天機器人具備了文字分析的哪一項功能？

① 語音辨識　② 語音模組化　③ 情感分析　④ 具名實體辨識

24. (　) 有一個 AI 系統當您輸入一篇文章後會輸出如表列之結果，請問該系統使用自然語言處理的哪一種功能？

輸入	輸出
因為種種因素學生不得不使用遠距教學，今天上的是數學。	學生[PersonType]
	今天[DateTime-Date]
	遠距教學[Skill]
	數學[Skill]

① 關鍵片語擷取

② 實體辨識

③ 情感分析

25. (　) 下列哪兩種情況下可以使用語音識別？

① 在候車亭預告班車訊息　② 為視訊短片提供字幕

③ 通話時製作對話記錄　④ 為大型活動現場創建自動尋人系統

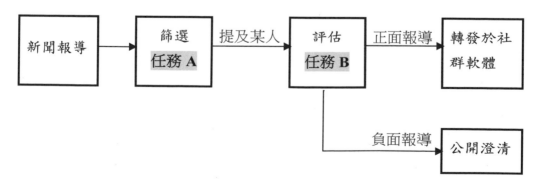

26.( ) 上圖為某候選人的輿情監視系統的流程圖，請問任務 A 應該執行自然語言處理的哪一項功能？

① 關鍵片語擷取　② 文字模組化　③ 情感分析　④ 實體辨識

27. ( ) 延續上題，請問任務 B 應該執行自然語言處理的哪一項功能？

① 關鍵片語擷取　② 文字模組化　③ 情感分析　④ 實體辨識

A.3 電腦視覺

一. 是非題

1. ( ) 自訂視覺服務可適用於分析視訊短片。

2. ( ) 在自訂視覺服務中建立物件偵測模型時，您可以從一組預定義的領域中進行選擇。

3. ( ) 在自訂視覺服務中建立物件偵測模型時，必須選擇分類類型「多標籤」或「多類」。

4. ( ) 要檢測圖像中的物件，可使用 Azure 的自訂視覺服務。

5. ( ) 在自訂視覺服務中建立物件偵測模型，就可搜尋物件在圖像中的位置。

6. ( ) 使用自訂視覺服務，要自行收集相關圖像來訓練模型。

二. 選擇題

1. ( ) 「這個人看起來像其他人嗎？」，是臉部辨識任務的哪一種操作？

① 相似性　② 群組　③ 識別　④ 驗證

2. (　)「這人群中辨識出某一個人？」，是臉部辨識任務的哪一種操作？

① 相似性　② 群組　③ 驗證　④ 識別

3. (　)「這兩張照片的臉是否屬於同一人？」，是臉部辨識任務的哪一種操作？

① 相似性　② 群組　③ 驗證　④ 識別

4. (　)「所有人臉都相互從屬嗎？」，是臉部辨識任務的哪一種操作？

① 相似性　② 群組　③ 驗證　④ 識別

5. (　)「在圖像中指出水牛的位置。」，是電腦視覺的哪一項功能的工作範圍？

① 物件偵測　② 影像分類　③ 光學字元識別(OCR)　④ 臉部辨識

6. (　)「識別圖像中的著名人士。」，是電腦視覺的哪一項功能的工作範圍？

① 物件偵測　② 影像分類　③ 光學字元識別(OCR)　④ 臉部辨識

7. (　)「從火車票中辨識出起點車站。」，是電腦視覺的哪一項功能的工作範圍？

① 物件偵測　② 影像分類　③ 光學字元識別(OCR)　④ 臉部辨識

8. (　)「馬拉松競賽折返點處，設置了 AI 系統，自動讀取選手背心上的編號。」，此 AI 系統是使用了電腦視覺的哪一項功能？

① 物件偵測　② 影像分類　③ 光學字元識別(OCR)　④ 臉部辨識

9. (　)「要開發能掃瞄及存儲繳費證明的手機 APP。」，是電腦視覺的哪一項功能的工作範圍？

① 物件偵測　② 影像分類　③ 臉部辨識　④ 光學字元識別(OCR)

10. ( )「要開發能掃瞄及擷取表格和結構的手機 APP。」，要使用 Azure 的哪一項服務？

① 表單辨識器　② 自訂視覺　③ 文字分析　④ 墨蹟識別器

11. ( ) 要使用自己的影像來訓練物件偵測模型，要使用 Azure 的哪一項影像辨識服務？

① 表單辨識器　② 自訂視覺　③ 文字分析　④ 電腦視覺

12. ( )「使用無人機識別蘋果樹結的蘋果是否成熟，以便發送採收指令。」，是電腦視覺的哪個功能的工作範圍？

① 物件偵測　② 場景分割　③ 光學字元識別(OCR)　④ 影像分類

13. ( )「要從消費明細上擷取小計和總計。」，要使用 Azure 的哪一項服務？

① 墨蹟識別器　② 自訂視覺　③ 文字分析　④ 表單辨識器

14. ( )「要由免費圖庫平台上搜尋符合下列條件的照片。①相片中至少要有一人戴眼鏡。②相片中包含二至三張人臉。」，要使用 Azure 的哪一項服務來分析圖像？

① 人臉服務中的"驗證"操作

② 人臉服務中的"檢測"操作

③ 電腦視覺服務中的"分析圖像"操作

④ 電腦視覺服務中的"描述圖像"操作

15. ( )「傳回影像中人物的邊框方塊座標。」，是影像分析的哪一項功能的工作範圍？

① 語意分割　② 光學字元識別(OCR)　③ 物件偵測　④ 影像分類

16. (　)「要自動剔除印刷失敗的電路板。」，應該使用 Azure 的哪一項服務？① 電腦視覺　② 自然語言處理　③ 異常偵測　④ 交談式 AI

17. (　) 下列哪一項任務需要部署電腦視覺服務？
① 自動回覆收到的電子郵件　② 為某網站開發一個聊天機器人
③ 識別社群媒體上的貼文　④ 應用程式以臉部辨識功能辨識操作者

18. (　)「在社群軟體上自動標記朋友的圖像。」，是電腦視覺服務的哪一項功能的工作範圍？
① 電腦視覺　② 人臉　③ 表單辨識器　④ 文字分析

19. (　)「不用對準條碼，只要掃瞄封面的自助借還書系統。」，是 Azure 認知服務的哪一項服務的工作範圍？
① 電腦視覺　② 人臉　③ 自訂視覺　④ 文字分析

20. (　)「在罰單上註明與前車之間的距離。」，是電腦視覺服務的哪一項功能的工作範圍？
① 物件偵測　② 臉部偵測　③ 自訂視覺　④ 影像分類

21. (　)「免費圖像平台要自動為上傳之圖像產生自動標題。」，是影像分析的哪一項功能的工作範圍？
① 辨識文字　② 偵測物件　③ 描述影像　④ 品牌偵測

22. (　) 使用「電腦視覺」服務可以完成哪兩項任務？
① 檢測圖像中出現的物品的品牌。
② 將文字翻譯成另一種語言。
③ 檢測圖像中的色彩配置。
④ 提出文件的內容大綱。

23. (　　) 使用「電腦視覺」服務可以完成哪兩項任務？

① 訓練自定義影像分類模型

② 識別手寫文字

③ 檢測圖像中的人臉

④ 將圖像中的文本翻譯為不同語言

24. (　) 「上傳一張圖像到 AI 系統，會接收如下帶註釋的圖像。」，是電腦視覺服務的哪一項功能的工作範圍？

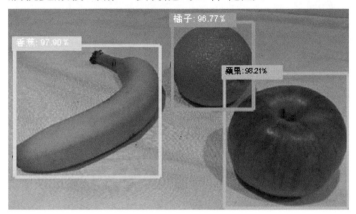

① 辨識文字　② 品牌偵測　③ 描述影像　④ 物件偵測

A.4　交談式 AI

一. 是非題

1. (　) Azure 機器人服務可以整合 Azure 認知服務。

2. (　) 排雲山莊可以使用聊天機器人回答網頁上關於當地氣候的問題。

3. (　) QnA Maker 服務可以確認用戶話語的意圖。

4. (　) Azure 機器人服務可以與用戶以對話型式進行交談。

5. (　) 背包客棧可以使用聊天機器人接受背包客透過網站進行預訂。

6. (　) 您可以透過使用網路聊天介面與機器人對話。

7. (　) 防疫旅館可以使用聊天機器人自動回應社群媒體上的顧客評論。

8. (　)「企業內部專用的查詢機器人。」，是交談式 AI 的工作範圍。

9. (　) 您可以透過 Microsoft Cortana 與機器人對話。

10. (　) Azure 機器人服務可以直接將常見問題解答(FAQ)導入問答集。

11. (　) 您可以透過使用 Microsoft Teams 與機器人對話。

12. (　)「答覆"東京天氣如何？"此類問題的家用智慧裝置。」，是交談式 AI 的工作範圍。

13. (　) 您可以透過使用 Microsoft Teams 與機器人通訊。

14. (　) QnA Maker 服務可以查詢 Azure SQL 資料庫的資料。

15. (　) 要讓知識庫為類似的問題回答出相同的答案，您應該使用 QnA Maker。

16. (　)「顯示與輸入的搜索詞相關的圖像的應用程式。」，是交談式 AI 的工作範圍。

17. (　) 您可以透過使用電子郵件與機器人對話。

18. (　) 網路聊天機器人可以與瀏覽網站的使用者進行互動。

19. (　) 您可以透過網頁聊天介面與機器人交談。

20. (　)「為影音影片自動產生字幕。」，是交談式 AI 的工作範圍。

21. (　)「用於輸入重置密碼請求的 Web 表單。」，是交談式 AI 的工作範圍。

二. 選擇題

1. ( ) 下列哪一種情況是網路聊天機器人的工作範圍？

   ① 確定在動漫展網站留言板上輸入的留言是正面的還是負面的，然後統計於評論中。

   ② 把用戶輸入的評論翻譯成為英語。

   ③ 使用網站介面，回答有關動漫展活動地點和門票購買的常見問題。

   ④ 接收電子郵件，然後根據郵件內容轉發給業務承辦人。

2. ( ) 您負責開發一個交談式 AI 專案，該專案將透過電子郵件、Microsoft teams 和網路聊天等多種管道與使用者交流。此專案應該使用哪種服務？

   ① 文字翻譯　② Azure Bot Service(Azure 機器人服務)

   ③ 文字分析　④ 表單辨識器

3. ( ) 哪一種 AI 服務是基於常見問題解答(FAQ)文件，來進行對話？
   ① 語言理解(LUIS)　② 文字分析　③ 電腦視覺　④ QnA Maker

4. ( ) 在網站上部署聊天機器人。該聊天機器人會根據下列文件中的資訊，回答使用者的問題：

   ● 產品簡易故障排除指南
   ● 網頁上的常見問題(FAQ)清單

   您應該使用下列何種服務來整理文件？
   ① QnA Maker　② Azure Bot Service(Azure 機器人服務)

   ③ Language Understanding　④ 文字分析

5. (　) 企業使用網路聊天機器人來自動回答常見的客戶查詢，請問企業應該會獲得哪些商業利益？

① 增加產品詢問度　② 提高產品知名度　③ 減少客戶服務的工作量

6. (　) 您使用常見問題(FAQ)頁面建置 QnA Maker 機器人。您要新增人性化的問候語及其他回應，使機器人能夠更友善地與使用者互動。請問您應該增加下列哪一種步驟？

① 提高回應的信任等級　② 建立多回合問題

③ 新增閒聊　④ 啟用自動學習

7. (　) 下列哪一項是互動語音回應系統(IVR)功能？

① 將語音通話轉錄為文字　② 合併多個語音

③ 根據語音路由傳送通話　④ 根據本文路由傳送通話

8. (　) 運用現有的常見問題解答(FAQ)PDF 檔，來建立一個對話客服系統。您應該使用哪種服務？

① 文字分析　② 語言理解(LUIS)　③ QnA Maker　④ 電腦視覺

9. (　) 哪一種 AI 服務是基於 Web 環境，用戶能夠與 AI 服務交互對話，而該 AI 服務會引導用戶獲得最佳資源或答案？

① 人臉　② 文本翻譯　③ 自訂視覺　④ QnA Maker

10. (　)「購物網站使用一個聊天機器人來協助客戶，機器人會根據客戶輸入內容，理解客戶情緒變化。」，要使用 Azure 的哪一種服務？

① 自然語言處理　② 異常偵測　③ 關鍵片語擷取　④ 語意分割

11. (　) 使用 QnA Maker 建置知識庫，您可以使用哪種檔案格式的文件來匯入知識庫？

① ZIP　② PDF　③ JPEG　④ JPG

12. (　) 您想要建置一套交談式 AI 解決方案，能搭配 Microsoft Teams，Microsoft Cortana， Amazon Alexa 等應用程式，您應該使用下列哪一項服務？

① QnA Maker　② 語音

③ Azure Bot Service(Azure 機器人服務)　④ 語言理解

13.(　)「建立一個應用程式，要能互動式回答用戶之提問。」，要使用哪一種 AI 服務？

① 預測　② 異常偵測　③ 電腦視覺　④ 交談式 AI

14. (　) 下列哪兩種情況是交談式 AI 的工作範圍？

① 自動與前車保持安全車距的裝置。

② 使用知識庫以交談方式回答使用者問題的網站。

③ 一種家用智能裝置，可以回答諸如「由 A 地到 B 地的交通狀況？」之類的問題。

④ 愛貓咪咪叫時會自動餵食的裝置。

15. (　) 使用 QnA Maker 建立問答配對的方法有哪三種？

① 從現有的網頁產生問題與解答。

② 從原有的 PDF 檔當作來源匯入閒聊內容。

③ 手動輸入問題與解答。

④ 將機器人連線到 Windows Cortana 頻道並使用 Windows Cortana。

⑤ 使用自動機器學習，以含問題與解答的檔案來訓練模型。

16. (　) 為了減輕客服人員的工作負擔，導入聊天機器人以預定問答題，與用戶對談。您應該使用哪兩種 AI 服務來實現這個目標？

① Azure Bot Service(Azure 機器人服務)　② 文字分析

③ 文字翻譯　④ QnA Maker

17. (　　) 下列哪兩種情況是交談式 AI 的工作範圍？

① 透過在網站上中爬文來建立常見問題(FAQ)文件的服務

② 讓使用者能夠自行在網站上尋找答案的聊天機器人

③ 當一氧化碳濃度到達特定值時，監測的機器會打開風扇

④ 預先錄製對話訊息的電話答錄服務

18. (　) 下圖中顯示了哪種 AI 解決方案？

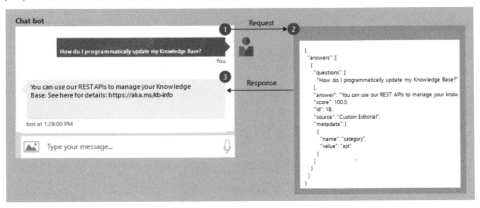

① 情感分析解決方案　② 機器學習模型

③ 電腦視覺應用程式　④ 聊天機器人

A.5　機器學習

一. 是非題

1. (　) 「根據文件內含文字的相似性將文件分組」屬於叢集範例。

2. (　) 「根據症狀和診斷測試結果將相似患者分組」屬於叢集範例。

3. (　) 「根據花粉數量預測某人會罹患輕度、中度或嚴重的過敏症狀」屬於叢集範例。

4. （　）您要使用未標記的數據訓練迴歸模型。

5. （　）分類方法用於預測隨時間變化的順序數值資料。

6. （　）「根據專案的共同特徵對專案進行分組」屬於叢集的範例。

7. （　）自動化機器學習是將開發機器學習模型中耗時重複工作自動化的過程。

8. （　）自動化機器學習可以自動從提供的使用案例中，推斷出訓練資料。

9. （　）自動化機器學習是透過執行多項訓練反覆運算而運作，這些反覆的運算是根據您指定的計量來評分和分級。

10.（　）自動化機器學習可以讓您指定資料集，並且會自動查知要預測的標籤。

11.（　）自動化機器學習使您能夠在互動式畫布上，直觀地連接數據集和模組。

12.（　）自動化機器學習為您提供在訓練管道中，包含自定義 Python 腳本的能力。

13.（　）使用自動化機器學習無需程式設計經驗，就可實現機器學習解決方案。

14.（　）您應該使用和訓練模型相同的數據，來評估模型。

15.（　）準確度始終是用於衡量模型效能的主要指標。

16.（　）標記是使用已知值標記訓練數據的過程。

17.（　）Azure 機器學習設計器提供一個拖放式可視畫布，可以構建、測試和部署機器學習模型。

18.（　）Azure 機器學習設計器提供您可將進度另存為管道草稿。

19.（　）Azure 機器學習設計器提供您可包含自定義的 JavaScript 函數。

20.(　) 驗證集應包含將用於訓練模型的輸入範例集合。

21.(　) 驗證集可以用來判斷模型預測標籤的優良度。

22.(　) 驗證集可以用來驗證所有訓練資料是否用於訓練該模型。

23. 您有可預測產品品質的 Azure Machine Learning 模型。該模型的訓練資料集包含 50,000 記錄。下表為其資料範例：

日期	時間	質量(公斤)	溫度(C)	品質測試
2022 年 8 月 26 日	18:32:07	2.109	62.4	通過
2022 年 8 月 26 日	18:32:49	2.102	62.5	通過
2022 年 8 月 27 日	02:31:56	2.097	66.5	不通過

請根據資料回答下列敘述是否正確：

A. (　) 質量(公斤)為特徵。

B. (　) 品質測試為標籤。

C. (　) 溫度(C)為標籤。

二. 選擇題

1. (　) 下列何者是用於產生額外的特徵？
   ① 特徵工程　② 特徵選擇　③ 模型評估　④ 模型訓練

2. (　) 下列何者是為確保訓練資料中的數值變數具有相似規模？
   ① 資料擷取　② 特徵工程　③ 特徵選取　④ 模型訓練

3. (　) 訓練分類模型之前先要為影像指派下列何種類別？
   ① 特徵工程　② 評估　③ 超參數　④ 標記

4. （　）下列何者是用於合併多個來源資料？

①資料擷取與資料準備　②特徵工程與特徵選取　③模型評估

5. （　）下列何者是用於根據驗證資料計算模型效能？

①資料擷取與資料準備　②特徵工程與特徵選取　③模型評估

6. （　）下列何者是用於移除包含遺失資料或不相關資料的資料行？

①資料擷取與資料準備　②特徵工程與特徵選取　③模型評估

7. （　）某個醫學研究專案使用一個較大的匿名腦掃描圖像數據集，這些圖像被劃分為預定義的腦出血類型。您需要使用機器學習提供支援，再由人來複查圖像之前對圖像中不同類型的腦出血進行早期檢測。以上是屬何種機器學習範例？

①分類　②迴歸　③叢集

8. （　）根據收到的訂單數預測送貨員的加班小時數是以下何種類型的範例？

①分類　②迴歸　③叢集

9. （　）訓練模型時，為何要將資料行隨機拆分為不同子集？

①使用未用於訓練模型的數據來測試模型。

②對模型進行兩次訓練來獲得更高的準確度。

③同時訓練多個模型來獲得更好的性能。

10. （　）在 Azure 機器學習設計器中，要部署即時推理管道作為服務供他人使用，您必須將該模型部署到何處？

①本地 Web 服務　②Azure 容器實例

③Azure Kubernetes(AKS)　④Azure 機器學習計算

11. (　) 您可以使用下列哪個指標來評估分類模型？

　① 決定係數(R2)　② 均方根誤差(RMSE)

　③ 真陽率　④ 平均絕對誤差(MAE)

12. (　) 您必須利用現有的資料集來建立訓練資料集和驗證資料集。您應該使用下列哪個 Azure 機器學習設計工具的模組？

　① 新增資料列　② 選取資料集中的行　③ 合併資料　④ 分割資料

13. (　) 您需要預測未來 10 年的海平面高度(以米為單位)，應該使用下列哪種類型的機器學習？

　① 迴歸　② 分類　③ 叢集

14. (　) 您該使用下列哪種機器學習類型，來預測下個月售出禮品卡的數量？

　① 叢集　② 分類　③ 迴歸

15. (　) 您該使用下列哪種機器學習類型，找出具有相似購物習慣的人員群組？

　① 叢集　② 分類　③ 迴歸

16. (　) 預測貸款是否將能夠償還的銀行系統，是機器學習的何種類型的範例？

　① 叢集　② 迴歸　③ 分類

17. (　) 關於機器學習的過程，您應該如何拆分用於訓練和評估的數據？

　① 將數據隨機拆分為訓練行和評估行

　② 將數據隨機拆分為訓練列和評估列

　③ 用特徵進行訓練，用標籤進行評估

　④ 用標籤進行訓練，用特徵進行評估

18. ( ) 影響模型預測的資料值被稱為下列何者？

① 識別碼　② 因變項　③ 特徵值　④ 標籤

19. ( ) 用來進行預測的資料值稱為下列何者？

① 識別碼　② 因變項　③ 特徵值　④ 標籤

20. ( ) Azure 機器學習設計器允許您透過下列何種方式建立機器學習模型？

① 在可視畫布上添加和連接模組

② 自動執行常見的數據準備任務

③ 自動選擇一種演算法來建立最準確的模型

④ 使用 Code First 的筆記本體驗

21. ( ) 下列何種模型可用以預測拍賣品的售價？

① 叢集　② 分類　③ 迴歸

22. ( ) 下列何者可以完成「將日期拆分為月、日和年等欄位」的機器學習任務？

① 模型評估　② 模型訓練　③ 特徵工程　④ 模型部署

23. ( ) 下列何者可以完成「選擇溫度和壓力來訓練天氣模型」的機器學習任務？

① 特徵工程　② 模型部署　③ 模型訓練　④ 特徵選擇

24. ( ) 下列何者可以完成「檢查混淆矩陣的值」的機器學習任務？

① 特徵工程　② 模型部署　③ 模型訓練　④ 模型評估

25. ( ) 下列何者可以完成「根據機場的降雪量來預測航班晚點多少分鐘。」的機器學習任務？　① 分類　② 迴歸　③ 叢集

26.(　) 下列何種機器學習的類型可以完成「將客戶細分為不同群體以支援市場行銷部。」任務？ ① 分類　② 迴歸　③ 叢集

27.(　) 下列何種機器學習的類型可以完成「預測學生能否完成大學課程。」任務？ ① 分類　② 迴歸　③ 叢集

28.(　) 下列何者可以完成「分開北極熊和棕熊的圖像」的機器學習任務？ ① 人臉檢測　② 影像分類　③ 臉部辨識　④ 物件偵測

29.(　) 下列何者可以完成「確定圖像中哪些像素是熊的一部分」的機器學習任務？
① 人臉檢測　② 影像分類　③ 語意分割　④ 物件偵測

30.(　) 下列何者可以完成「確定熊在照片中的位置」的機器學習任務？
① 人臉檢測　② 影像分類　③ 臉部辨識　④ 物件偵測

31.(　) 您有一個數據集，其中包含特定時間段內發生的出租車行程訊息。您要訓練一個模型來預測出租車行程費用，您應該下列何者作為特徵？
① 各出租車行程的車費　② 各出租車行程的行程距離
③數據集中的出租車行程　④ 各出租車行程的行程 ID

32.(　) 下列何者是分類的範例？
① 根據從家到工作單位的距離，預測某人是否騎自行車上班。
② 根據前一晚某人的睡眠時間，預測這個人將會喝多少杯咖啡。
③ 根據過去的賽跑時間紀錄，預測一個人完成一次賽跑需要多少分鐘。
④ 分析圖像的內容，並對顏色相似的圖像進行分組。

33.(　) 您要追蹤多個使用 Azure Machine Learning 進行訓練的模型版本，
請問您該使用下列何者來達成？

① 解釋模型　② 註冊模型　③ 註冊訓練資料　④ 佈建推斷叢集

34.(　) 「使用上次消費日期、消費頻率、消費金額(RFM)值來識別客戶群
中的客層」，請問為下列何者的範例？

① 叢集　② 回歸　③ 分類　④ 正規化

35.(　) 下列何者可用來衡量，正確分類的影像比例？

① 精確度　② 信賴度　③ 均方根誤差　④ 情感

36.(　) 您可以使用自動化機器學習使用者介面(UI)構建機器學習模型，您
需要確保模型符合 Microsoft 負責任的 AI 的透明度原則，請問應該執
行什麼操作？

① 啟用最佳解釋模型　② 將驗證類型設為 [自動]

③ 將主要計量設為 [精確度]　④ 將並行反覆運算上限設為 [0]

37.(　) 下列何種機器學習技術可用於異常偵測？

① 根據使用者所提供的影像，針對物件加以分類的機器學習技術。

② 根據影像的內容，針對該影像加以分類的機器學習技術。

③ 可隨著時間分析資料，並識別異常變化的機器學習技術

④ 能夠理解書面及口語的機器學習技術。

38.(　) 下列哪兩個動作會在資料擷取期間，和 Azure Machine Learning
過程的資料準備階段執行？

① 合併多個資料集　② 使用即時預測的模型　③ 計算模型的精確度

④ 使用測試資料為模型評分　⑤ 移除含有缺少值的記錄

39.(　　) 您可以使用下列哪兩種計量,來評估迴歸模型?

① 曲線下面積(AUC)　② 均方根誤差(RMSE)　③ 平衡的精確度

④ 決定係數(R2)　⑤ F1 分數

40.(　　) 您可用下列哪兩種語言為 Azure 機器學習設計器,編寫自定義的程式碼?

① C#　② Python　③ R　④ Scala

41.(　　) 在 Azure 機器學習設計器中,您可以將下列哪兩個元件拖到畫布上?

① 計算　② 模組　③ 管道　④ 資料集

42.(　　) 您使用 Azure 機器學習設計工具發佈推斷管線時,應該使用下列哪兩個參數來取用管線?

① 模型名稱　② 訓練端點　③ 驗證金鑰　④ REST 端點

43.(　　) 您正在評估在 Azure 機器學習中,是該使用基本工作區還是企業工作區。請問下列哪兩項任務需要使用到企業工作區?

① 用逗號分隔值(CSV)檔案創建數據集

② 創建用作工作站的計算實例

③ 使用圖形用戶介面(GUI)運行自動化機器學習實驗

④ 使用圖形用戶介面(GUI)Azure 機器學習設計器定義並運行機器學習實驗

44.( ) 您擁有如下「預測值-真實值」圖所示的相關材料,請問該圖表用於評估哪種類型的模型?

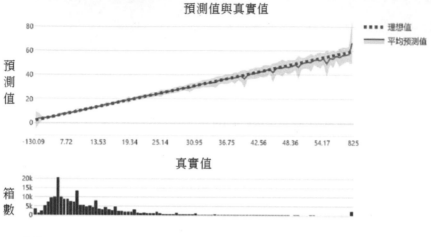

① 叢集　② 分類　③ 迴歸

45.( ) 您需要使用以下數據集來預測指定客戶的收入範圍,您應該使用如下哪兩個當特徵?

名字	姓氏	年齡	教育程度	收入範圍
Jack	Chang	42	大專	25,000-50,000
Mary	Natti	38	高中	25,000-50,000
David	Shelton	54	大專	50,000-75,000
Max	Adler	25	大專	75,000-100,000
Erice	Jansen	72	高中	50,000-75,000

①　名字　② 姓氏　③ 教育程度　④ 收入範圍　⑤ 年齡

46.( ) 您計劃使用下面資料集,訓練一個預測房價類別的模型。請問家庭收入和房價類別分別屬於下列何者?

家庭收入	郵遞區號	房價類別
20,000	42055	低
23,000	52041	中
80,000	78960	高

A. 家庭收入：＿＿＿＿＿

B. 房價類別：＿＿＿＿＿

① 特徵　② 標籤

47.(　　　　) 您想要使用 Machine Learning 設計工具，部署 Azure Machine Learning 模型，應該依序執行下列哪四項動作？

① 內嵌及準備資料集　② 定型模型　③ 用驗證資料集評估模型

④ 用原始資料集評估模型　⑤ 將資料隨機分割為訓練資料與驗證資料

48.(　　　　) 您計劃將 Azure Machine Learning 模型部署為客戶端應用程式使用的服務，在部署模型之前，您應該依序執行下列哪三個程序？

① 模型重新訓練　② 資料準備　③ 模型訓練

④ 資料加密　⑤ 模型評估

49.(　　　) 您正在開發一個使用分類來預測事件的模型。您有一個對測試數據評分的模型的混淆矩陣，如以下相關材料所示。

實際值

預測值		1	0
	1	11	5
	0	1033	13951

請根據上表所提供的資訊，完成下列敘述的答案選項：

A.有【　　　　】個正確預測陽性。

B.有【　　　　】個假陰性。

① 5　② 1033　③ 13951　④ 11

50.(　　　　) 您需要使用 Azure 機器學習設計工具建置一個能預測汽車價格的模型，請問下圖 A、B、C 中應該使用哪種模組類型來完成此模型？

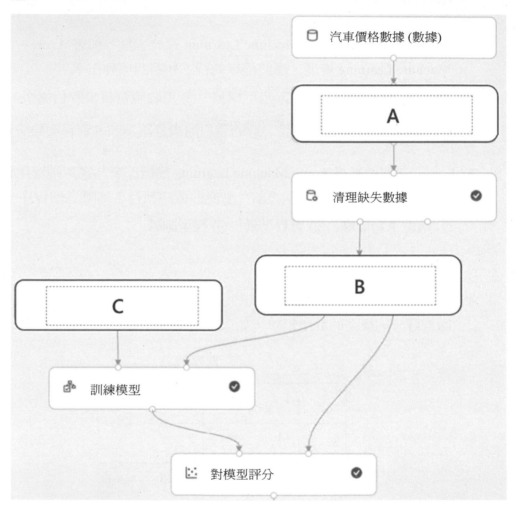

① 轉換為 CSV　② K 均值叢集　③ 線性迴歸

④ 選擇資料集中的資料行　⑤ 分割資料　⑥ 摘要資料

Microsoft Azure AI 認知服務基礎必修課-使用 C#(含 MCF AI-900 國際認證模擬試題)

作　　者：蔡文龍 / 何嘉益 / 張志成 / 張力元
企劃編輯：江佳慧
文字編輯：詹祐甯
設計裝幀：張寶莉
發 行 人：廖文良

發 行 所：碁峰資訊股份有限公司
地　　址：台北市南港區三重路 66 號 7 樓之 6
電　　話：(02)2788-2408
傳　　真：(02)8192-4433
網　　站：www.gotop.com.tw
書　　號：AEL025900
版　　次：2022 年 09 月初版
建議售價：NT$500

國家圖書館出版品預行編目資料

Microsoft Azure AI 認知服務基礎必修課：使用 C#(含 MCF AI-900 國際認證模擬試題) / 蔡文龍, 何嘉益, 張志成, 張力元著. -- 初版. -- 臺北市：碁峰資訊, 2022.09
面；　公分
ISBN 978-626-324-310-1(平裝)
1.CST：人工智慧 2.CST：雲端運算 3.CST：C#(電腦程式語言)
312.83　　　　　　　　　　　　　　　110014181

讀者服務

- 感謝您購買碁峰圖書，如果您對本書的內容或表達上有不清楚的地方或其他建議，請至碁峰網站：「聯絡我們」\「圖書問題」留下您所購買之書籍及問題。(請註明購買書籍之書號及書名，以及問題頁數，以便能儘快為您處理)
  http://www.gotop.com.tw

- 售後服務僅限書籍本身內容，若是軟、硬體問題，請您直接與軟體廠商聯絡。

- 若於購買書籍後發現有破損、缺頁、裝訂錯誤之問題，請直接將書寄回更換，並註明您的姓名、連絡電話及地址，將有專人與您連絡補寄商品。